当令
进补汤

料理达人
罗荷丝 编著

长江出版传媒
湖北科学技术出版社

前言

现代人文明病多，为了拥有健康的身体，越来越重视养生，但还是有很多人依赖医院，一有任何小毛病，第一个反应就是吃药打针。事实上，一个健康的人，绝不是用药物堆出来的，吃得健康、搭配规律的运动、戒除不良习惯，病魔自然远离你。

本书共分8个单元，"四季养生汤方""强身健体汤方""排毒解毒汤方""疾病汤方""美人汤方""帅哥汤方""发育汤方""老人汤方"，为不同的人群、不同的体质、不同的生活习惯、不同的健康状况，设计出100道全家适用的健康养生汤方，是一本人人必备的健康宝典。

书中100道养生汤，在烹调方面尽量简单化，没有繁复的程序，更没有昂贵的材料，完全不用担心厨艺不。兼顾菜肴的美味度，同时解说各种药材、食物的营养成分，传授购买食材的判断技巧，以及提醒读者不可不知的禁忌。

生活贫困的时候，总认为吃得越补越好，长得越胖越健康，但现代人却补过了头，甚至补进了医院。不了解自己的体质，补错了方向，越补越虚弱；听信没有根据的秘方就急着煮来吃，把自己的身体当成实验品，适得其反。

本书教大家做养生汤，在每篇文章中，用最通俗的语言详述健康概念，不需要医学背景，就能清楚明白，了解自己到底"为什么要补""补什么"。"补得正确"，绝对比"补得多"可贵；食疗的副作用极小，甚至无副作用。即使短时间内看不到明显的效果，对身体也不会有害处。读者更需建立一个概念，补身固然很好，但过与不及都不健康，没有一种食物可以无节制地食用，更不应拒吃某些食物，才能达到各类营养均衡。

食疗不等于"医疗"，养生食谱还是着重在平日的保健，预防胜于治疗，有病还是要找医生，配合医生的指示接受正规治疗，食补只能当作医疗外的辅助，加速病体康复，但治疗期间的饮食，还是必须与医师讨论，不得因食物疗效而滥用。

活得长久，更要活得健康，才是一个满分的现代人。

目录

Part 1
四季养生汤方

春季进补

菠菜炖鱼头

汤

→ 健康补给站

鲢鱼的头比鱼身还珍贵，而以动物性浮游生物为食的黑色鲢鱼，蛋白质含量更丰富，在砂锅鱼市场也大受欢迎。鲢鱼是属于"温"的食物，与姜片共同烹调，有补脾健胃的功能。

菠菜富含纤维、叶绿素和铁质，又有促进铁质吸收的维生素C，对贫血的人非常有益处。菠菜中的一些成分则具有防癌效果。

1.功效
增进脑力，补充铁质、纤维和蛋白质。

2.食材
黑鲢鱼头1个，菠菜160克，葱、姜片适量，盐与米酒少许。

3.做法
（1）菠菜洗净切段，用小锅煮熟。鱼头切半再洗净。姜切片。

（2）电饭锅中加入约1200毫升清水，外锅加1杯清水，将鱼头放至锅中煮熟，沸腾后，捞出浮沫。

（3）将姜片、盐、米酒放入，再煮30~35分钟，最后将早已煮熟的菠菜放入，再撒入葱花即可。

4.注意事项
菠菜有涩味，含有草酸，会妨碍钙质吸收，甚至可能会在体内形成肾结石，烹调菠菜前，一定要先煮过，让

春季进补

党参枸杞红枣汤

党参是气血双补的中药材，增加红细胞、血色素，改善贫血，与人参一样具补气功能，但性能较人参温和。党参可振奋神经，有抗疲劳的功能。

枸杞不仅能明目，还有暖化身体、防止动脉硬化的功能。春寒料峭时分，体质差的人易感冒，可多食用枸杞，甚至每日食用亦可。

脾胃较差者，例如胃胀气、呕吐，可多食用红枣来改善。红枣可保护肝脏，并抑制乙肝病毒的活跃性。肝功能不佳者，除了配合医生治疗外，可食用红枣做辅助。

1.功效
降血压、抗疲劳、止咳化痰、治虚寒、保肝健脾。

2.食材
党参15克、红枣8粒、枸杞30克。

3.做法
将党参、红枣、枸杞放入锅中，加适量清水，滚熟至汤水变深。亦可用热水直接冲泡，但效果及口感稍差。

4.注意事项
食用过多红枣会腹泻，需适量。感冒患者、糖尿病患者忌吃红枣。

春季进补

山药玉米炖鸡肉

汤

→ 健　康　补　给　站

山药含有各种矿物质和维生素、黏液质、氨基酸、蛋白质及助消化的酵素等成分，早在秦汉时代之前，山药已被用来强身或作为药用。食用山药可改善血糖偏高症状，对于胃、肾、肺更是"圣药"，亦可改善腹泻、气喘、咳嗽，对妇女的更年期症状有预防效果，对男性也有壮阳功效。

玉米的营养价值亦不可小看，德国营养保健协会曾研究，玉米比其他主食更有强身的作用，它的维生素含量比米高了5倍多，可防治癌症、心脏疾病。玉米的烹调方式，以水煮为佳，

1. 功效

补中益气、固肾、保胃、润肺，补充维生素及蛋白质。

2. 食材

鸡块200克，黄色玉米1根，白色山药180克，姜片、盐、胡椒粉适量。

3. 做法

（1）玉米洗净切段。

（2）山药削皮后，切成数块。

（3）电饭锅中加入1000毫升清水，外锅加1杯清水，将鸡块、玉米、山药和姜片放入，炖煮35~40分钟。

（4）起锅后，撒入适量盐和胡椒粉调味。

4. 注意事项

易便秘者，请酌量食用山药，肠胃功能不佳者，勿

夏季进补

苦瓜排骨汤

→ 健 康 补 给 站

　　苦瓜属凉性食物，无毒。夏季燥热，易让人食欲不振，苦瓜可消暑，它的苦味能刺激食欲，帮助开胃。苦瓜有植物胰岛素美称，对糖尿病患者有疗效。苦瓜富含维生素C，可降血压、血脂与胆固醇。被眼屎困扰的人，多吃苦瓜料理，眼屎就会渐渐减少。多吃苦瓜，会让人越来越健康。

　　鲍鱼菇含丰富蛋白质，也有降胆固醇、防癌的功效。

1.功效

调节身体免疫功能、增进食欲、清热退火、消暑解毒、减少胆固醇。

2.食材

排骨180克、苦瓜1根、鲍鱼菇6朵、盐适量。

3.做法

（1）苦瓜洗净，剖开去籽，削成厚条状。排骨洗净剁块。鲍鱼菇洗净。

（2）将苦瓜、排骨、鲍鱼菇放入锅中，加1000毫升清水，外锅加1杯清水。

（3）煮熟后，撒点盐调味。

4.注意事项

贫血、畏寒体质者，少吃苦瓜。挑选苦瓜时，注意看颗粒的分布，颗粒越绵密代表越苦，品质好的苦瓜，表面的突起颗粒较大。

夏季进补

绿豆薏仁汤

汤

→ 健 康 补 给 站

　　绿豆有清热解毒、退火及利尿等功效，可消除酷暑带来的心烦气躁。夏季，湿疹患者多，绿豆可预防皮肤炎，也可止瘙痒症状。绿豆所含的蛋白质极易吸收，且氨基酸含量多，各种维生素成分可辅助保护肝功能。

　　薏仁是一种物美价廉的美容食品，有美白效果，能改善脸上的斑点与痘痘；薏仁具有抗癌的作用。台大教授做过动物实验，发现薏仁的降血脂、降胆固醇效果佳。现代人压力大，许多人有便秘症状，可用薏仁助通便。

1.功效

消暑、清热解毒、美白、降血脂、抑制癌细胞。

2.食材

绿豆250克、薏仁180克、冰糖适量。

3.做法

（1）将绿豆、薏仁均洗净，浸泡3小时。

（2）比绿豆和薏仁多3倍的水加入锅中，在火上煮开后，以中火炖煮30分钟，再焖30分钟。

（3）依个人喜好加入适量砂糖或冰糖，不加亦可。

（4）冷却后，放入冰箱冷藏，冰凉后食用，风味更佳。

4.注意事项

薏仁和绿豆都是寒性食物，女性生理期间及怀孕期

夏季进补

四神鸡汤

→ 健 康 补 给 站

　　四神汤的药材可作为平日保健、强身功用。增加血液中的含氧量，改善高血糖、高血脂的症状。无论男女老幼，各种体质皆可食用。肠胃功能弱、时常腹泻者，可用四神汤调理，并可增进肾功能的健康。夏季令人胃口不佳，四神汤可增进食欲、利小便。

1.功效

对消化不良、肠胃弱、腹泻有功效。可开胃、防治胃溃疡、抗癌、防癌。

2.食材

四神药材1包（莲子、山药、茯苓、芡实，还可加入薏仁）、鸡1只、盐和味精少许。

3.做法

（1）四神药材洗净并浸泡，鸡切块备用。

（2）四神药材与鸡块放入锅内，加7～9碗水，开大火煮沸，关火。

（3）将浮沫捞出，改开小火，炖煮约30～40分钟。

（4）煮好后，关火，加入少许盐和味精调味。

4.注意事项

便秘者不宜食用四神汤。四神汤淀粉含量丰富，食用期间，应减少米饭的摄取。

夏季进补

莲子肉片汤

汤

健康补给站

　　莲子口感香美，含有维生素、糖类、蛋白质、钙质等多种成分。现代人生活压力大，大肠激躁症患者日渐增多，莲子可缓和拉肚子的症状。男子的滑精，女性经血、白带过多，幼童过度瘦小，常感到疲累的上班族，均可多食用莲子料理，个性暴怒者，可食用莲子减少情绪起伏。

1. 功效

健脾、固肾、养肺、止腹泻。

2. 食材

莲子65克，猪肉片150克，姜2片，米酒、葱适量，盐少许。

3. 做法

（1）将莲子和肉片洗净，肉片切成适当大小，葱切段。

（2）电饭锅中加入1000毫升清水，外锅加1杯清水，将肉片、姜片放入，煮熟后，将浮沫捞出，再倒入米酒，炖煮12～15分钟。

（3）将莲子放入锅中，并加入少许盐，再炖煮15～20分钟。

4. 注意事项

发芽的莲子不适合食用，宜作为观赏用途。选购莲子时，以新鲜莲子为佳。此外，太过洁白的莲子可能使用了漂白剂，购买需注意。便秘者不宜多吃莲子，感冒的人不宜用莲子炖补品。

秋 季 进 补

新鲜时蔬汤

➡ 健 康 补 给 站

　　多吃洋葱，能防止骨质流失，年纪大的时候，就不用担忧骨质疏松症找上门，对于心脏也有保护作用，还能抑制胃癌的发生。德国医学报告也肯定洋葱可减少气喘发作的概率。

　　2000多年前，欧洲已将芦笋视为保健食物，中国人则将芦笋用在不孕症的治疗。芦笋有利尿效用，可抗氧化及防癌。含有大量胡萝卜素、叶酸和蛋白质，其中叶酸可预防宫颈癌。

　　芹菜除了作为家常食品外，亦可入药，可预防高血压、高血糖，改善贫血及经期不顺。

1.功效

补充钙质、茄红素，分解脂肪，防癌，降血压、血脂。

2.食材

白豆腐1块，绿芦笋5根，红色甜椒、洋葱和番茄各半个，芹菜2根，盐少许。

3.做法

（1）所有食材洗净。将洋葱切成小片，芦笋和芹菜切段，甜椒和豆腐切块。

（2）将所有的材料放入锅中，加入550毫升清水，在火上煮10分钟左右。

（3）煮熟后，酌量撒些盐调味。

4.注意事项

先将洋葱放在水龙头下冲过，刀子也冲一下，切洋葱就不会一直流泪了。

秋季进补

四神猪肚汤

汤

→ 健康补给站

猪肚口感佳，富含蛋白质，可做出各种不同的料理。四神（又名四臣），对于消化功能不佳者是一帖良药。四神汤中的药材成分，皆可抗癌，现代人得癌症的比例不断攀升，可多喝四神汤保健，癌症患者亦适合饮用四神汤。素食者可用豆制品代替猪肚，或直接炖煮四神药材，不添加其他食物及酒。

1. 功效

开胃健脾，治消化不良，胃溃疡，止腹泻，防癌。

2. 食材

猪肚1副，四神药材1包（莲子、山药、茯苓、芡实），姜、绍兴酒、盐各适量。

3. 做法

（1）四神药材洗净并浸泡。

（2）猪肚洗净，去油脂，切成两半，再用姜和一小杯酒余烫。

（3）30分钟后，将猪肚捞出，切成条状。

（4）锅中加入7～9碗水，再放入四神药材包、条状猪肚、1小杯绍兴酒，炖煮约30分钟，最后撒少许盐调味。

4. 注意事项

孕妇不适用本汤方。

秋季进补

萝卜百合粥

➜ 健康补给站

　　萝卜含有糖类、糖化酵素、芥子油、维生素等成分，又有"小人参"的美称。可帮助人体消化和吸收，提高癌症防御力，软化血管，降血脂、血压。对于有高血压疾病的人，可吃萝卜料理，与正规医疗相辅相成。常吸烟的人，可用打汁的萝卜加白糖来抑制对尼古丁的渴望。感冒期间，萝卜有止咳化痰的功效。有脚臭毛病的人，脱鞋的场合非常尴尬，不妨试试用煮开的萝卜水浸泡足部便能消除异味。

　　自汉朝开始，就有记载显示百合已被药用。百合性甘，无毒，补中益气，能改善失眠及心神状态不佳的症状，并能镇咳去痰，提高身体抵抗力。

1.功效

止咳化痰、治伤寒、降血脂、除脚臭、增加抗癌保护力。

2.食材

萝卜1根、百合30克、米120克、白糖适量。

3.做法

（1）萝卜、百合和米均洗净，萝卜切块。

（2）加入清水约3碗，在火上煮成稀饭。

（3）煮成稠状后，加入白糖调味，搅拌后即可食用。

4.注意事项

"温燥"导致的咳嗽可用百合作为食疗，"凉燥"则不宜。

冬季进补

杜仲山药炖猪肉

汤

→ 健康补给站

　　日本人做过实验，杜仲有降血压及利尿的功效。中国人更视杜仲为重要草药，并以神话故事为杜仲增添一笔神秘色彩。杜仲可补阴、补阳，对肝、肾、胃等器官更是好处多多，亦能强筋健骨，提高免疫力，增强抗压性。对年长者而言，可预防阿尔茨海默症。

　　山药为冬季养生食品之一，也是女性冬季养颜圣品，含有多种维生素及钙、磷，热量低，近年成为受欢迎的养生、减肥食品。

1.功效

补中益气、固肾、保胃、润肺、健脾、护肝、利尿。

2.食材

杜仲5克、山药15克、猪肉200克、姜片3片、盐少许。

3.做法

（1）杜仲、山药、猪肉、姜片均洗净，猪肉切块。

（2）在锅中加入约1000毫升清水，将猪肉、姜片入，在火上煮熟，再将浮沫捞出。

（3）将山药和杜仲放入，炖煮约30～40分钟，最后加入盐调味。

4.注意事项

低血压者适量食用杜仲。

→ 健康补给站

菊花是自然界美丽的花种之一，极具观赏价值，而菊花料理则有保健功效，如可护肝、明目，护养人体内脏。亦可外用，干菊花制成菊花枕，可治头痛、失眠等宿疾。

枸杞含有护眼的胡萝卜素，防止视力减退，益于各类眼疾，对用眼过度者非常有益。冬季流感严重，体质虚弱易感冒者，可多吃枸杞增强免疫力。冬季寒冷彻骨，枸杞具暖身效用。

乌鸡的体形较小，但滋补效果比一般的白鸡更好，适合冬季进补。

1.功效

明目、养肝、健脑、补充营养、保暖身体、加强抵抗力。

2.食材

乌鸡1只、枸杞15克、白菊花1朵。

3.做法

（1）乌鸡洗净切块，枸杞洗净。

（2）电饭锅中加入1000毫升清水，外锅加1杯清水，将鸡块与枸杞放入锅中煮熟。

（3）鸡块煮至全熟，将菊花放入锅中焖15分钟，便可端上桌。

4.注意事项

易腹泻、火气大者不宜长期食用枸杞，适量为佳。枸杞可暖身，但平日摄取太多肉类或体质燥热者，不宜食用。菊花不宜久煮，应于起锅前10分钟放入，或等食物煮熟后，再将菊花放入锅中焖熟。气血亏虚者，不适合食用乌鸡。

冬季进补

菊花枸杞乌鸡

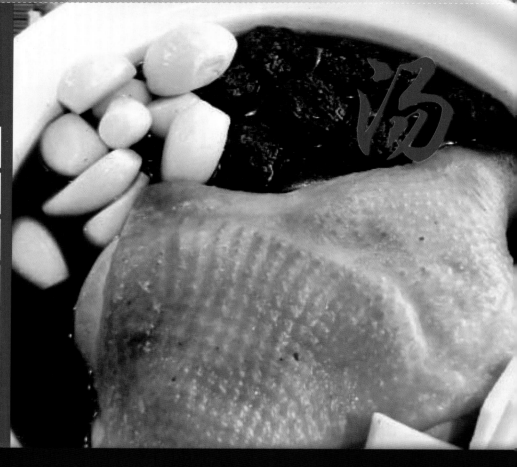

冬季进补

黑豆黑枣鸡

→ 健 康 补 给 站

　　黑豆的蛋白质比肉类、牛奶高出数倍。其油脂中的不饱和脂肪酸可降胆固醇，也可控制胆固醇的吸收。黑豆中的维生素有美容功效，使皮肤白皙、秀发乌亮，深受女性欢迎。有便秘困扰者可食用黑豆料理帮助肠胃蠕动。

　　黑枣可补血，亦含有护眼的维生素A及各类矿物质。

1.功效

补充蛋白质、钙质、铁质，解毒，补血，美容，提高免疫力。

2.食材

黑豆40克、黑枣8颗、乌鸡腿2只、姜5片、大蒜2瓣、盐少许。

3.做法

（1）黑豆、黑枣、鸡腿洗净，姜洗净切片，大蒜剥皮洗净。

（2）锅内加1000毫升清水，将鸡腿、蒜和姜片放入锅中，在火上煮熟，再将浮沫捞出。

（3）将黑豆和黑枣放入锅中一起炖煮，约煮40～50分钟，最后加盐调味。

4.注意事项

空腹时食用黑枣，易造成胃部硬块。黑枣营养丰富，仍需适量食用，否则胃内会形成黑枣石，得不偿失。

Part 2
强身健体汤方

人参鸡汤

汤

➜ 健 康 补 给 站

　　自古以来，人参就是一种珍贵的延年益寿药材。

　　人参可大补元气，体质虚弱的人，可服用人参补充体力与活力。人参也可调节人体胆固醇及血糖，增加心肌功能，增强人体免疫功能，帮助血液循环。因可调节高血糖，糖尿病患者可适量服用。中医认为，人参可促进肝脏排毒的功用，现代植物学家则认为，人参可预防癌细胞形成。

1.功效

强身健体、补元气、顾五脏，体形瘦小者可补身，经痛者可缓解疼痛。

2.食材

干人参须40克、鸡1只、葱1根、盐与料酒少许。

3.做法

（1）人参须冲洗后，放到碗里用冷水泡15分钟再捞出。

（2）鸡肉洗净切块，氽烫后捞出；葱洗净切段。

（3）将鸡肉、人参须放入锅中，注入九分满清水，再倒入一小杯料酒。

（4）先开大火煮开，再捞出浮沫，转小火，约煮40分钟（起锅前10分钟加入葱段）。

（5）最后加少许盐调味。

4.注意事项

动脉硬化、高血压、血糖过低、重感冒发烧、女性经期、流鼻血等状况，均不得食用人参料理，体质壮硕者，服用人参应适量。

白 芍：利尿、养肝、和血。

茯 苓：主治失眠、慢性支气管
炎，亦可顾脾胃。

党 参：补中益气。

白 术：主治体力不佳、食欲差、
消化不良。

熟地黄：治头晕、补血、顾肝肾。

当 归：调经、补血。

川 芎：镇静、降压、安眠、调
经、治头痛晕眩、调节免
疫力。

炙甘草：治腹痛、脾胃虚弱，阴阳
双调、气血双补。

1．功效

补气益血、养颜美容、增强身体防
御力、强化体力、增进食欲。

2．食材

鸡1只、猪大骨250克、白芍5克、茯
苓5克、党参5克、白术5克、熟地黄
7克、当归4克、川芎4克、炙甘草6
克、姜3片、葱1根、米酒一小杯、盐
少许。

3．做法

（1）鸡肉洗净，去掉内脏，但不
需切块。猪骨洗净，姜洗净
切片，葱洗净切段。

（2）鸡肉、猪骨和药材放入锅
内，加入10碗水（以淹没食
物及药材为原则），先用大
火煮熟后，再捞出浮沫。

（3）加入姜片、葱段和米酒，开
小火熬煮至熟烂。

（4）熟透后再加少许盐即可。

4．注意事项

体质燥热、腹泻、重感冒、多痰者
不宜食用。刚生产完的妇女不宜食
用白芍。

八宝鸡汤

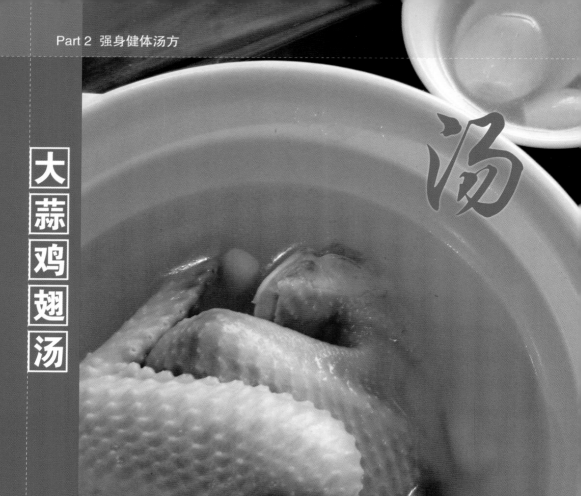

大蒜鸡翅汤

汤

→ 健康补给站

大蒜有天然抗生素之称，具强效杀菌力与抗菌力，可以增强体力。流感高发期，食用大蒜可预防被他人感染，如不幸患上感冒，口含大蒜也有治疗作用。畏寒的人食用大蒜，可促进循环机能与新陈代谢。大蒜对心血管有好处，可降血压、血脂与胆固醇，预防心脏病与动脉硬化，还有减肥的功能。大蒜中含有许多抗癌物质，例如锗、砷。大蒜可防治胃癌，降低直肠癌的发生。

有些人无法忍受大蒜强烈的味道，可购买大蒜精替代。

1.功效

抗感冒、增强身体抵抗力、防癌。

2.食材

蒜头3瓣、鸡翅2根、盐和胡椒少许。

3.做法

（1）鸡翅洗净，大蒜剥皮并洗净。

（2）锅中加入5～7碗水，大火煮开后，捞出浮沫，转小火，炖煮25～35分钟。

（3）煮熟后，加入少许盐和胡椒调味即可食用。

4.注意事项

大蒜对人体好处多多，但过度食用较不利于眼睛，且会引起贫血，更不能空腹食用。吃完大蒜，口腔味道令人无法忍受，应立刻刷牙，如身在室外不便刷牙，可喝杯清茶去除臭味。

　　大枣味干无毒，含有蛋白质、有机酸、糖类、铁、钙及各种维生素，身体孱弱者，可补中益气、调养身体。胃痛、脾胃虚、食欲差者，可服用大枣来改善，夏季食用大枣可解热。许多中药药性强，大枣可缓和药性。

　　人参是高级的补药，可增加免疫力、抗老、补气、强身健体，为体弱者的好补品。

1.功效

　　益气补身，补脾健胃，调理病后身体，改善营养不良、中气不足。

2.食材

　　人参5克、大枣12粒。

3.做法

（1）将人参用冷水泡软再切片。大枣洗净去核。

（2）将人参和大枣放入锅内，加入1碗半的水，用小火煮熟，再将汤水盛装在另一个碗中，参枣不用取出。

（3）锅内再加入1碗半的水，用小火煮熟。

（4）将两次炖煮完的汤混合成一碗，搅拌均匀，即可分为4次饮用，空腹饮用亦可。

4.注意事项

　　动脉硬化、高血压、血糖过低、重感冒发烧、女性经期、流鼻血等状况，均不得食用人参料理。体质壮硕者，服用人参应适量。服用人参后，不可食用白萝卜，以免降低效果。胃胀、有痰者不得食用大枣。

大枣人参汤

桂圆红枣汤

汤

→ 健 康 补 给 站

桂圆红枣是古老的养生汤方，属于温补类。

桂圆味甘性温，晒干后，滋补效果更佳，可帮助疲累者恢复体力，气虚、血虚者，可用来养血益心。女性生产后，可用来调养与补血。因心血不足导致失眠，可用桂圆来食疗。

红枣是很好的护肝食品，红枣含有三萜类化合物，可抑制乙肝病毒。除了养肝，红枣还可补血、养血及安神。

1. 功效

冬季养生、夏季消暑，治身体虚弱、失眠健忘，护肝。

2. 食材

桂圆80克、红枣15颗。

3. 做法

（1）红枣洗净后，用刀划几刀，以利出味，或直接去核。

（2）红枣与桂圆放入锅中，加入1000毫升清水，开大火煮沸，再转小火炖煮15～20分钟，稍微冷却后即可饮用。以热饮为佳。

4. 注意事项

体质燥热、肝火旺盛者不宜饮用。痛风患者食用应适量，否则易有关节疼痛发肿的问题。皮肤炎患者亦不可食用，糖尿病患者血糖高，不宜食用红枣

黑木耳红枣豆汤

→ 健 康 补 给 站

　　黑木耳成分中的胶质，膨胀后再食用，可让人减少食欲，达到减肥之效，其成分中的膳食纤维，可助消化和通便。黑木耳外观不起眼，其实它的蛋白质含量比米饭高，含钙量与含铁量是肉类的30～100倍。医学研究，黑木耳可增加血液循环，预防血管硬化。

　　爱美的女性可多吃四季豆美容与明目，让皮肤保持光滑细嫩，拥有一双美目。

　　多吃红枣，可以让脸蛋红润，气色饱满，养肝又美颜。

1.功效

补血、美容、通便、减肥、补充蛋白质与钙铁。

2.食材

红枣10粒、黑木耳2朵、四季豆5根。

3.做法

（1）红枣洗净去核，黑木耳洗净切段，四季豆洗净切段。

（2）红枣和黑木耳放锅内，加入2碗水，小火炖30分钟。

（3）起锅前2分钟加入四季豆即可。

4.注意事项

四季豆有类生物毒素，不宜生吃，烹调时也应煮熟，广东地区曾发生民众食物中毒的状况，是因吃下未熟四季豆导致。

汤

黄芪红枣枸杞汤

→ 健康补给站

　　黄芪，微甘性温，在中药中很常用，它有利尿的功效，还能使气血通畅，预防感冒，顾肝脏。有肾炎、糖尿病、尿蛋白疾病者，可多喝黄芪为药引的汤方。抵抗力弱者，则可增加自体对病原体的免疫作用。黄芪与红枣、枸杞煮出来的汤属于温补，可日日饮用，亦可冷藏，但热饮效果最佳。在流感高发期，易感冒的人更要多喝本汤。加了红枣与枸杞后，对女人有明目、气血双补的效果，每天都

1.功效

治虚寒、补气、明目、健脾胃、提高免疫力。

2.食材

黄芪20克，红枣、枸杞各15克。

3.做法

（1）红枣洗净去核，黄芪、枸杞洗净。

（2）锅内加入3味药材及1000毫升的水，开大火煮沸，再转小火煮25分钟。

（3）汤稍微冷却后便可饮用。

4.注意事项

燥热上火体质不宜饮用本汤方，感冒者亦禁喝。饮用本汤方后，发现有便秘情况时，代表体质较热

胡萝卜含有丰富的胡萝卜素，可抗老与防癌，维生素A除了眼睛保健外，对骨骼发育相当有帮助。还含有纤维与糖，热量却极低，减肥的人可多吃胡萝卜摄取营养。

每100克莲藕只有74卡热量，莲藕成分为水分、糖类，也有少许脂肪、蛋白质及维生素C。热感冒、流鼻血时可多吃莲藕缓解。

香菇含有各种维生素，可保护视力，帮助钙、铁吸收，强化骨质。

1.功效

缓解腹泻不适、补血、养血、护眼、强健骨骼、防癌。

2.食材

胡萝卜250克、莲藕500克、香菇8～10朵、盐和胡椒少许。

3.做法

（1）香菇洗净泡软，莲藕洗净切片，胡萝卜削皮切片。

（2）将食材放入锅中，加1000毫升水，开大火滚开，再转小火，约炖煮一个半小时。

（3）起锅后，依个人口味撒少许盐和胡椒调味。

4.注意事项

刚切片的莲藕不可接触空气太久，否则会氧化变黑。生莲藕性寒，常腹泻者不宜多吃。香菇含钾、磷，痛风、肾功能减退及尿毒症病患，均不宜吃香菇。胡萝卜对身体有益处，亦有各种不同的烹调方法，易四肢冰冷者、老人与儿童，不宜饮用冰胡萝卜汁。胡萝卜不能吃太多，否则皮肤内会沉积太多胡萝卜素，使肤色变黄，但也别太烦恼，只要停用一段时间，皮肤就会慢慢恢复。

萝卜莲藕香菇汤

汤

淮山药白莲汤

➡️ 健康补给站

白莲子可强化呼吸系统，改善心悸毛病，为补气圣品。莲子性平，可镇定神经，改善失眠或暴怒的脾气。男子遗精、妇女白带，都可用莲子来调养。

栗子性温味甘，生食熟食均宜，可顾肾、补脾及健胃，改善血便。栗子的成分多为糖类和淀粉，亦含人体所需的维生素和矿物质。慈禧太后身体强健，肤质佳，专家研究认为是因慈禧常食用栗子。

淮山药和枸杞为多种补身食品中的佼佼者，许多食补专家设计的营养食谱

1. 功效

消除疲劳、滋补血液、养颜美容、止腹泻。

2. 食材

淮山药5片、白莲子15颗、栗子3颗、枸杞15克。

3. 做法

（1）淮山药洗净切块，白莲子、栗子与枸杞均洗净。

（2）药材放入锅中，加5～7碗水，小火熬煮至2碗水的分量即可食用。

4. 注意事项

糖尿病人食用栗子应适量，才不会导致血糖数值不稳定。便秘体质者，不可食用过多的栗子。

牛蒡蔬菜汁

　　牛蒡的烹调方式很多，可热炒、煮汤或打成果汁，具阴阳双补的效果。还可抗菌、清肠胃，但牛蒡属于糖类含量高的蔬菜。

　　西芹热量低又利尿，富含蛋白质、糖类、矿物质及各种维生素，为减肥者喜爱的食物。含有胡萝卜素，具防癌效果。想补充铁质，改善贫血，更不能错过西芹。

　　番茄近年来成为民众养生的宠儿，茄红素可降低前列腺癌的发生率。番茄还可抗癌、抗氧化，除了生食外，还能榨汁及烹调。

1.功效

利尿、减肥、养颜美容、强身健体、保护心血管。

2.食材

牛蒡1根、西芹1根、番茄1个、蜂蜜1～2匙。

3.做法

（1）番茄洗净切块，牛蒡洗净去皮，西芹洗净切除表面纤维。

（2）所有蔬菜全放入果汁机中榨汁，再依个人口味加入蜂蜜调味。

4.注意事项

西芹去掉表面纤维是为了去除涩味，喝起来口感佳。牛蒡性寒，产后、经期与寒凉体质者适量食用。番茄不宜空腹吃，因胶质与胃酸相互作用，易造成肠胃不适。

黄芪红枣党参汤

汤

→ 健康补给站

　　本汤方所使用的黄芪有防病菌、抗感冒的功效，可扩张血管，让血液循环更畅通，能控制尿蛋白。精神差、脸色苍白者，可用黄芪调理体质，与党参、红枣并用，可治疗痔疮、增进肝功能及补血。

　　党参的性质较人参温和，价位也较便宜，除了补中益气外，还可补血，党参其实可取代人参，但党参用量需比人参多，若是过度虚脱，则使用人参为宜。

　　三味食……有补元气的功效，亦可如

1.功效
抗病菌、防流感、补气、补虚、益血、养肝、改善体质。

2.食材
黄芪15克、党参15克、红枣3粒。

3.做法
（1）红枣洗净去核，黄芪洗净，党参洗净。
（2）药材放入锅中，加入500毫升清水，开大火煮沸，再转小火煮20～25分钟。

4.注意事项
感冒、糖尿病及火气大者勿饮用。

银耳，性平味甘，含蛋白质、矿物质、多糖、纤维及多种营养素，可润肺益胃、止渴、止血，促进肠胃蠕动、改善便秘。人们常把银耳作为营养补充品，忙碌过劳时，可吃银耳补充体力。实验证明，银耳还能防止肿瘤生长，就连慈禧太后，也是银耳的喜爱者。

梨子为清热水果，性寒凉，钾含量高，钠含量低。吃梨子可使中风概率降低5倍以上。经过煮熟，梨子就成为止咳圣品。

1.功效

补充蛋白质，降火止咳，养阴补虚。对声音沙哑、口干舌燥、便秘有特效。

2.食材

银耳4克、梨子45克、瘦肉70克。

3.做法

（1）银耳洗净，梨子洗净切块，瘦肉切块。

（2）锅中加入约500毫升清水，隔水加热50分钟至1小时即可。

4.注意事项

梨子是寒性水果，体质虚寒者不宜常吃，但经过炖煮后，梨子的寒凉特性便会改变，反而能止咳润肺。风寒引发的咳嗽，忌吃银耳。

银耳梨子瘦肉汤

山药炖鱼汤

汤

→ 健康补给站

　　山药成为热门养生食品，是因为符合人体营养需求，且脂肪少，吃了不会胖。山药中有山药皂苷和DHEA，可防止痛风，改善糖尿病。常腹泻的人多吃山药，可让胃部更健康。山药有补肾功效，让腰部不再痛。

　　旗鱼肉较硬，但咀嚼起来特别有劲，旗鱼也是最常被用来做鱼松的鱼类。吃鱼的好处很多，可明目、补充钙质，亦能帮助脑部发育，如同老话说的"吃鱼会聪明"。科学家早就发现，吃鱼可强化心脏，爱斯基摩人很少得心脏病，就是与多吃鱼有关。

1.功效

强身健体、止腹泻、补充钙质、健胃补肾、缓解更年期症状。

2.食材

新鲜旗鱼片400克、山药30克，姜和盐适量。

3.做法

（1）山药洗净切块，姜切片。
（2）锅中加入1000毫升清水，滚熟后，再加入旗片、山药和姜，煮至熟透，再加盐调味。

4.注意事项

山药止腹泻，不适合便秘者食用，肠胃功能虚弱者，只能吃熟山药。切好的山药勿泡在水中，因山药的黏液可改善更年期症状，防止老化，亦含有补身的糖蛋白质，十分珍贵。

Part 3
排毒解毒汤方

柠檬麦苗排毒水

→ 健康补给站

　　有机麦苗粉不含糖分，拥有丰富的酵素、蛋白质、胡萝卜素、纤维、矿物质等多种对人体有益的成分，具有利尿通便效果，人体排毒后，肌肤越来越白皙，斑点和痘痘逐渐消退，身体越来越强壮。工作忙碌者，麦苗粉有助消除压力。麦苗粉为碱性食品，偶尔蔬果摄取较少，或吃大鱼大肉，可泡麦苗粉来喝。

　　柠檬含有柠檬酸、维生素C，让

1.功效

排毒、美白、通便、治痘、消除压力。

2.食材

柠檬1个、麦苗粉1汤匙、蜂蜜1～2汤匙。

3.做法

柠檬切半，在碗里压出汁液，加入麦苗粉，用冷开水冲泡，再用蜂蜜调味即可饮用。冬季饮用可用温开水冲泡。

4.注意事项

当成清晨第一杯饮料空腹喝最佳，最好是打完立刻喝，若能搭配运动，则排毒效果更好。本排毒水并非药物，需长期饮用才能看到成效。胃溃疡

俗话说，多吃苹果可远离医生。唐朝名医孙思邈已在著作中肯定苹果能增进活力。苹果所含的果胶，有助预防胆结石。医学研究，苹果可健脾胃，不只是最好的减肥餐，也能让胃更健康，促进肠胃蠕动，帮助排泄。糖尿病患者血糖过高，可多吃苹果来降血糖。

洋葱在许多国家被当成药用蔬菜，有降血压、血脂的功效，同样能促进肠胃蠕动。具杀菌效果，感冒初期，可多吃洋葱。

本汤方可当晚餐吃，除了排毒外，还可一边兼顾营养一边瘦身。

1.功效

瘦身、排毒、清宿便、整肠、美白、杀菌。

2.食材

苹果和洋葱各1个。

3.做法

（1）苹果削皮切块，洋葱切块。
（2）锅中放入500毫升水，水沸后放入苹果和洋葱，煮5~7分钟。

4.注意事项

食用过多的苹果会产生腹胀。

苹果洋葱汤

→ 健 康 补 给 站

　　白萝卜中的维生素、纤维、淀粉酶，对人体消化很有帮助。夏季难免食欲不振，可喝碗白萝卜汤助开胃，白萝卜汤加排骨一起煮，更入味。白萝卜性凉，可降火气，具清热解毒功效。

　　吃了太上火的食物，或不小心补过头，可用白萝卜来化解。

1.功效

清肠胃、助消化、开胃、退火。

2.食材

白萝卜1根、盐少许。

3.做法

（1）白萝卜洗净，削皮切块（重口味者可不削皮）。

（2）电饭锅中加入3碗水，锅外加1杯水，放入白萝卜。

（3）煮熟后，可加点盐调味。

4.注意事项

吃补品、中药者，禁食白萝卜，否则会降低效果。白萝卜勿放太久，最好买回来马上煮，放太久再烹调，煮出来的味道不佳，会有苦味。民间医方指出，白萝卜水是治咳嗽、化痰的食疗秘方，须喝生萝卜水才有效，但要忍受刺激的味道。

绿豆的烹调方式很多，除了煮汤外，还可煮粥、做饭、制糕饼，各种做法都十分美味。

绿豆有清热解毒的功效，《本草纲目》中有记载，绿豆味甘性凉，是一种消暑圣品，也是夏季家家户户必备的汤水。绿豆含有蛋白质、纤维及各种维生素，也有补气功效，肿瘤、高血压、高血脂、皮肤炎、口角炎、湿疹患者也可常喝绿豆汤。绿豆里的维生素A、维生素B、维生素C能增进肝功能，让肝更健康。

工作地点会接触到有毒物或化学气体者，不妨多吃绿豆来保健与预防。

绿豆汤

1. 功效

清热解毒、退火、利尿、生津止渴、养肝、防中暑。

2. 食材

绿豆400克、糖适量。

3. 做法

（1）绿豆先泡水3小时。

（2）绿豆放入电饭锅中，内锅加水1500毫升，外锅加1杯水。

（3）煮熟后，依个人喜好加入砂糖。

4. 注意事项

绿豆退火，属凉性食品，脾胃虚、腹泻者不宜喝太多绿豆汤。若想消暑兼解毒，除了喝汤外，绿豆也要吃完。酷暑期间，每周喝3～5天绿豆汤，退火效果极佳。

无糖红豆汤

汤

→ 健康补给站

红豆性平无毒，多喝红豆汤的女性，脸蛋就像上了腮红一样红润。红豆的功用很多，可利尿通便、防便秘、清热解毒，亦可改善肾病引起的水肿。红豆含有多种矿物质、维生素B_1、维生素B_2及蛋白质，可防止血压过低与疲劳。红豆含有铁质，可补血与活血，缓解女性生理期不适。红豆汤当水喝，有助于排毒。

登山专家建议，攀高峰时，不妨带着可防水肿的红豆汤同行，到了山上再加热喝下。

1.功效

促进肠胃蠕动、助排便、利尿、排毒、使脸色红润。

2.食材

红豆500克。

3.做法

（1）将红豆在清水中泡3小时。

（2）将红豆用电饭锅炖煮，内锅水量淹过红豆，外锅加1杯水。

（3）煮熟即可食用。

4.注意事项

红豆皮含有利于心脏、肾脏的皂角化合物，煮红豆时勿将皮丢弃不用，泡过的红豆也会影响红豆皮的皂角化合物含量，宜直接炖煮。有瘦身计划者，勿将红豆与汤圆同煮，以免热量过高。红豆汤加入糖，是很普遍的煮法，但中医认为，加糖的红豆汤会令人有饱胀之感，肠胃功能不佳者，不适感更明显。

罗汉果滋味甘美，用温水泡一杯来喝，能生津止渴及提神。老一辈的人在夏季习惯喝罗汉果汤来消暑，罗汉果味甘性凉，无毒性，又有假苦瓜之称，盛产于中国桂林。罗汉果有润喉功效，KTV狂吼几个小时，觉得喉咙发痒，几近失声，可来杯罗汉果茶。工作上常使用声音的老师、歌星，也可多喝罗汉果汤护嗓子。

罗汉果还有止咳化咳与解毒功能，对肝、脾、肺、胃都有保健效果。

罗汉果汤

1. 功效

清热、润喉、解毒、通便、助消化、消暑、防止声音沙哑。

2. 食材

罗汉果1颗、冰糖20克。

3. 做法

（1）罗汉果洗净切半，加3碗水炖煮成1碗水。

（2）快煮好前再加入冰糖。

4. 注意事项

罗汉果性凉，与桂圆同煮，则适合冬天饮用。购买罗汉果时，应挑选形体浑圆、外壳坚实、摇不响的果子。罗汉果是保护嗓子的良药，但不可因迷信其疗效而过度使用嗓子，或经常用伤害嗓子的方式发声。

黑豆甘草汤

汤

→ 健康补给站

　　黑豆热量低，蛋白质含量却很高，所含有的脂肪又是不饱和脂肪酸，想控制饮食却又担心营养不良者，可多吃黑豆。中医认为，黑豆可顾肾，肾脏机能好，就不容易衰老了。现代人蔬果摄取不足，加上饮食精致化，易引起便秘，多吃黑豆等于多吃纤维素，使得排便快速。黑豆中含有补脑的卵磷脂，可让人变聪明。

　　甘草是清热解毒的中药，亦能缓和食物中毒或抗过敏，胃溃疡患者，可多喝甘草茶缓和胃液分泌。甘草含有促进干扰素产生的"多糖"，对人体具免疫作用。药用方面则可用于辅助治疗支气管炎。

1.功效
排毒、防蚊、顾肾、防癌、防便秘、益智、抗过敏。

2.食材
黑豆25克、甘草5克。

3.做法
洗净后的黑豆与甘草，一齐放入500毫升清水中煮沸，再转小火煮15～20分钟，冷却后饮用。

4.注意事项
空腹生吃黑豆，胃炎患者易感到胃部不舒服，应将黑豆当成"配菜"，而非正餐。过度食用甘草会引起水肿、高血压，应适量为宜。易胀气者不宜饮用本汤方。饮用本汤方不宜过量，避免高血压、心血管疾病。

黄连因含有黄连素而味道极苦，黄连虽味苦性寒，却具有不少疗效。对体质燥热的人有降火功效，脸上长满痘痘者，可用黄连来退火兼解毒，让痘痘早日消失。因上火导致嘴破时，中药口炎散，也多含有黄连的成分，治嘴破的功能特别好。平日喝黄连汤可美白，孕妇多吃黄连胶囊，可去除胎毒。黄连还有镇定效果，失眠者可喝黄连汤帮助入睡。眼睛不舒服时，用纱布蘸黄连汤敷眼，可消炎、消肿。

黄连汤

1.功效
解毒、治青春痘、美白、杀菌。

2.食材
黄连粉15克、清水5碗。

3.做法
用5碗清水熬黄连汤，约煮10分钟即可。

4.注意事项
少许的黄连粉，含在嘴里就非常苦，怕苦的人可吃黄连胶囊代替。喝黄连汤或吃黄连胶囊去痘者，痘子消失约再吃两星期就要停用。黄连非常寒凉，过量食用会造成胃酸多，不适合体质太冷、消化功能不佳或胃酸过多的人。

丝瓜肉丝汤

汤

➡ 健康补给站

丝瓜性凉，具清热解毒、解痘疮毒、消肿功能，还可清肠通便，防治便秘，适合当夏季食品。火气大的人吃丝瓜，可退火、止渴。丝瓜含有蛋白质、脂肪及多种维生素，夏季喝丝瓜汤可补充营养。

生产后乳汁分泌不足的女性，可将丝瓜、黄豆、猪蹄加入生姜炖煮，食用后便可改善。

丝瓜汁与麦粉调和，还能做成纯天然美白面膜，无化学成分，对脸部几乎无副作用。

1.功效

清热解毒、生津止渴、清凉退火、消暑、清肠、治腹痛、治腰痛。

2.食材

丝瓜250克、肉丝150克、盐和胡椒少许。

3.做法

（1）丝瓜去皮、切半、切片。

（2）丝瓜先炒3分钟。

（3）锅内放入2碗水，再加入炒过的丝瓜，水沸腾时再放入肉丝，约再煮5分钟，最后加入盐和胡椒调味便可食用。

4.注意事项

丝瓜除了煮汤、煮丝瓜面线，还能做丝瓜锅贴、油炸丝瓜。丝瓜去皮、切半、切片后，可用盐水浸泡3～5分钟，防止变黑。丝瓜食用过度会导致腹泻，体质寒冷者，烹调丝瓜时可加入姜片调节凉性。

《本草纲目》中记载，鸭肉甘冷微毒，但鸭肉的"毒"并非一般认知的毒性，鸭肉很补，补过头就变成毒了。夏季高温压力大，易造成体热，鸭肉就是很好的凉性肉品了。

绿豆的清热解毒功能众所皆知，如不慎食物中毒，还能用来辅助毒性的排解。夏季头昏脑涨、情绪不佳、工作无力，也能喝绿豆汤化解。环境潮湿，夏季气温过高的地方，越来越多人有皮肤痒的毛病，不妨多喝绿豆汤缓解。

绿豆炖老鸭

1. 功效
清热解毒、治水痘、缓解皮肤瘙痒。

2. 食材
绿豆250克、茯苓30克、鸭1只。

3. 做法
（1）绿豆洗净，鸭洗净后丢弃内脏。
（2）电饭锅中加水淹没食物，外锅加2杯水，煮熟即可食用。

4. 注意事项
急性、慢性肝炎患者，以及脚气病患者适合食用本汤方。虚寒体质者适量为宜。姜母鸭与酒类、姜共同烹煮，没有降火效果，吃多了反而会上火。

红薯粥

→ 健 康 补 给 站

现代人生活条件好，营养过剩，体质呈酸性，易引起文明病上身，红薯是很好的养生食品，用碱性中和体内的酸性。

山东省的长寿老人，都有吃红薯的习惯，红薯是碱性食物，富含纤维。食用红薯，肠胃蠕动快速，可通便及清宿便、降低胆固醇，红薯中的黏液多糖及胶原，可让血管保持弹性，预防中风及动脉硬化。红薯的热量比米饭低，吃起来有饱足感，减肥期间，偶尔以红薯当主食，就不会饮

1.功效

增加肠胃蠕动、顾大肠、清宿便、治便秘、中和酸性。

2.食材

红薯50克、米50克。

3.做法

（1）红薯切丝。

（2）用3倍水将白米煮成粥，再放入红薯。

（3）开小火，直到红薯熟透变软。

4.注意事项

红薯皮长出黑斑，代表已被黑斑菌感染，不可食用，这种病菌不因高温而死亡，仍会引

薏仁糖水

➔ 健 康 补 给 站

薏仁可促进人体新陈代谢，改善水分过多引起的臃肿、利尿、通便，维持好身材。薏仁水是深受女星欢迎的美容食品，很多女星为了上镜头更好看，甚至把薏仁水当开水喝，维持皮肤白皙光滑，消除青春痘。

动物与人体实验，均初步肯定薏仁具降血脂、降血糖、防止中风和心血管疾病的功能，成效甚至优于燕麦。有家族病史者，年轻时即可开始食用薏仁，但医师表示，薏仁是食品类，只能当成保健，不能取代正规医疗。

1.功效
排毒、美白、消肿、降血脂、治青春痘。

2.食材
薏仁250克、砂糖适量（红糖亦可）。

3.做法
（1）薏仁洗净，浸泡一个晚上。

（2）锅中加入薏仁和3倍水，开大火煮至沸腾，转小火煮30分钟，冷却后加入砂糖调味。

4.注意事项
未浸泡过的薏仁很难煮熟。孕妇吃薏仁易流产。台大教授做过动物实验，薏仁可降低过敏反应，但食用过多，效用并不明显。想美白的女性，也会因过度食用而造成激素失衡，适得其反。

Part 4
疾病汤方

陈皮姜汤

→ 健 康 补 给 站

陈皮其实就是放久的橘子皮，含有挥发油，对感冒咳嗽患者有止咳化痰的疗效。感冒患者有时也会出现呕吐症状，陈皮有止吐效用。气喘的患者，也能用陈皮来做食疗，日久见效，气喘易于天气不稳的秋天发作，患者可多喝陈皮杏仁汁。

姜可治疗初期感冒与发寒症状，淋雨引起的感冒，可多喝姜汁。出现发热症状时，喝杯姜汤，有助排汗。姜有很好的暖身效果，因而冬季煲汤如姜母鸭，就是用姜来料理。

1.功效

防治感冒、止咳化痰、止吐、缓和气喘。

2.食材

陈皮10克、姜3片。

3.做法

锅中加入1000毫升清水，放入陈皮、姜片，大火煮沸，再转小火煮25分钟，稍微冷却后便可饮用。

4.注意事项

动物实验显示，陈皮副作用小，但中医仍提醒，心血管疾病者勿食用陈皮。体质燥热、内热者食用姜类制品需适量，或加入绿豆调和。烂掉的姜会产生不利肝脏的黄樟素，所以，发现姜开始腐坏时，需整块丢弃。

黑糖的糖类含量比白糖低，但营养价值却很高，黑糖的铁、钙、镁、叶酸含量高，这也是为何大家总是说黑糖很补的原因。

印度人也是用姜预防感冒，他们会把姜片浸在蜂蜜中，喉咙不舒服时吃。丹麦人曾做过实验，姜能防止偏头痛，可将切片的姜放入烤箱里烤，敷在太阳穴上，头痛就会慢慢减轻。姜还有一项功效就是防晕，实验证明，坐车前先喝过姜汤的人，出现晕车症状的时间较晚，建议旅游前可喝杯姜汤，或将姜汤随身携带。

1.功效

防感冒、御寒、防偏头痛、抑制晕车症状。

2.食材

黑糖2匙、老姜3片。

3.做法

锅中加入2碗水，放入黑糖、老姜，用大火煮沸，再转小火煮10分钟，稍微冷却后即可食用。

4.注意事项

高血压、糖尿病、肾病患者，勿食用黑糖。施行减肥计划者，不宜食用黑糖，免得减重失败。体质燥热、喉咙中常有痰者，只能少量食用黑糖。挑选黑糖时，看起来越粗糙、表面不平滑，还能看到白色晶块的黑糖，是品质最好的。

黑糖姜母汤

蔬菜汤

　　蔬菜汤曾在日本掀起一阵养生风,至今仍是防癌、抗癌的养生首选。现代人烟酒不忌、饮食精致化,外食多。吃下太多高热量食物与大量调味品,蔬果摄取量不足,看似营养好,但身体状况却比20世纪五六十年代的人差。癌症、心血管疾病、肝病纷纷找上门。在日本,许多被医生宣判癌症晚期患者,饮用蔬菜汤后,身体状况有所好转,日本细胞学专家立石和便是一个例子。

　　在身体健康时,把蔬菜汤当开水喝,不让癌症找上门。

1.功效

抗癌、防癌。

2.食材

带皮胡萝卜1/4根、带皮白萝卜1/4根、大型白萝卜叶1把、小牛蒡1/2根、干香菇1~2朵。

3.做法

（1）白萝卜叶洗净后,泡水1~2小时,去除农药。

（2）胡萝卜和白萝卜切块。

（3）所有食材放入锅中,加入3倍水。

（4）用大火煮开,再转小火炖煮2小时。

（5）熬出来的蔬菜汤,冷却后放入另一个瓶子中,并放入冰箱保存。

4.注意事项

蔬菜汤不耐久放,即使冰箱存放,也应于2天内喝完。勿加入中药,避免药品食品相克。

四味汤

→ 健 康 补 给 站

洋葱可降血脂、血糖、胆固醇、防癌，抑制癌细胞，预防骨质疏松，增进肠胃蠕动。实验证明，洋葱可预防骨质流失。

胡萝卜可护眼、防癌、抗氧化、防便秘、促进新陈代谢。

马铃薯是欧美人士的最爱，常被用来做主餐，它的功能有强化心脏、抗菌，补充淀粉、蛋白质、钾、钙等营养素。

卷心菜可强化骨骼、抗癌，卷心菜含有丰富的维生素、氨基酸、胡萝卜素、膳食纤维，热量低，亦可当成减肥餐主菜。

1.功效

防癌、增强免疫力、抗发炎、减肥。

2.食材

洋葱1/2颗、胡萝卜1/4根、马铃薯1/4颗、卷心菜数片、盐和胡椒少许。

3.做法

（1）洋葱切小片、胡萝卜、马铃薯切块。

（2）锅内放水淹没食材，大火煮沸，再转小火煮15分钟，最后加少许盐和胡椒调味。

4.注意事项

甲状腺机能亢进、尿毒症者不宜食用。食用马铃薯会变胖，是错误观念，事实上马铃薯含80%左右的水，食用马铃薯而造成肥胖者，多半是烹调方式及佐料的问题。

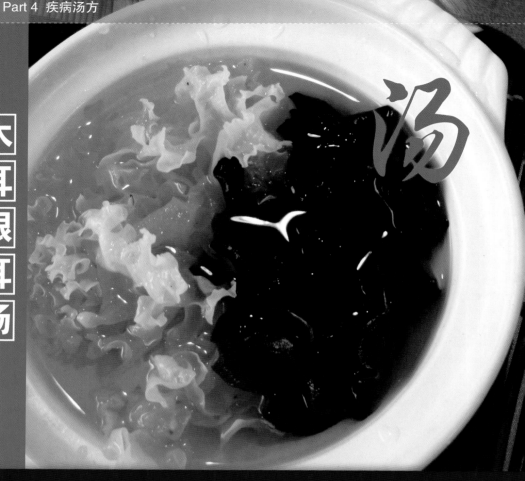

汤

→ 健 康 补 给 站

　　黑木耳可当一般食品，亦可被药用。黑木耳外观不美，吃起来也不怎么美味，但它有活血、防止血管阻塞、防动脉硬化的功能。黑木耳营养价值高，含有蛋白质、脂肪、钙、磷、铁、膳食纤维等多种人体所需营养，用黑木耳做食疗者，不必担心营养不足的问题。

　　银耳可提高肺部防御功能，大大提高免疫力，老人长期食用银耳，会让听力更好，不易退化。生病气虚、肺虚、体虚者，可用银耳补身。在古代，银耳是很高贵的食品，有钱人才买得起，但如今银耳价位低，人人都能买，成为物超所值的养生食品。

1.功效

降血压、防血管硬化。

2.食材

黑木耳、银耳各8朵，冰糖适量。

3.做法

（1）黑木耳、银耳洗净，泡软、泡涨。
（2）黑木耳、银耳去蒂切块。
（3）锅中放入黑木耳、银耳，加2碗水，大火煮开后，转小火煮10分钟，起锅前加入冰糖，稍微冷却后便可食用。

4.注意事项

黑木耳有活血的功用，易导致流产，孕妇禁喝本汤。本汤方不需多饮，一日2次已足够。

　　比起高血压，低血压其实不算什么大病，但会让人感到四肢无力、头晕眼花、全身倦怠、耳鸣，严重时可能会休克。女性可能因低血压而使得月经不来潮，若低血压并未造成不舒服症状，其实不必吃药治疗，借由平日的保健、多运动及配合饮食来改善。

　　低血压患者更需注重营养均衡，不偏食，也不可为了爱美而刻意减肥、节食，少吃苦瓜、冬瓜、萝卜等降血压食品。适合吃的食物，除了本汤方外，还可多吃山药、桂圆、人参。

三味猪肝汤

1.功效
改善低血压、补血、治黑眼圈、防衰老。

2.食材
黄芪10克、党参10克、枸杞5克、猪肝200克。

3.做法
（1）猪肝洗净切片。

（2）锅内加入5碗水，放入黄芪与党参，用大火煮开后，改用小火炖15分钟。

（3）加入枸杞与猪肝片，小火煮5分钟。

4.注意事项
女性经期有大量失血者，可经常食用。气虚者可偶尔食用。高血压患者不宜食用本汤方，以免血压更高。

红糖醋炖猪骨

→ 健康补给站

　　本汤方约一日3次，每次30毫升。

　　醋能顾肝养肝，醋的味道是酸的，但性质温和，无毒性。中医认为醋能提高肝功能、解毒。醋对肝炎的疗效是"以味补肝"，酸酸的醋喝进人体其实是碱性的，对于抑制细菌很有帮助。而红糖的功用在于帮助肝病者康复，增加肝脏解毒机能，故本汤方将醋与红糖共煮。

1. 功效

消除黄疸、养肝、增进食欲、解毒。

2. 食材

醋100毫升、猪骨200克、红糖20克。

3. 做法

（1）猪骨洗净剁碎。

（2）食用醋、红糖、猪骨放入锅中，加入1000毫升清水，大火煮沸后，转小火炖煮50分钟。

（3）煮熟后，稍微冷却，滤掉碎骨，将汤水用另一个容器装妥。

4. 注意事项

喝太多醋会损坏牙齿。发脾气会使肝火旺盛，忧心焦虑会影响胆汁分泌，保持情绪稳定，心情开朗，勿急躁，也是保肝的方法。肝炎患者应配合医嘱定期复查，勿因本汤方的食疗效果而放弃正规医疗。

→ 健 康 补 给 站

鱼类含有丰富的营养，是老少皆宜的食物，也是食疗中常用的食材，而鲤鱼，则是肝病病人辅助食疗的鱼类之一，可治肝硬化、腹水，改善肝脏机能不佳的情况。鲤鱼顾肝的疗效，在《本草纲目》中已有记载。

交际场合难免举杯狂饮，长期饮酒，肝脏首当其冲受损，这类人除了应减少酒量外，亦可用鲤鱼汤来养肝。

黄河鲤鱼肉质鲜美，春秋时代就是名菜，现今仍是美食家的最爱。此外，鲤鱼对肾炎亦有疗效，也是妇女产后哺乳的补品。

鲤鱼汤

1.功效

养肝、治肝硬化、解毒、利尿、助妇女通乳。

2.食材

鲤鱼1条、葱2段、姜5片、盐少许。

3.做法

（1）鲤鱼洗净，内脏和腮去除，再用锅蒸熟（或煎半熟）。

（2）葱洗净切段，姜洗净切片。

（3）锅中加入比食材多4～5倍的清水煮沸，再放入鲤鱼、姜和葱，用小火煮10～15分钟。

（4）起锅后加入盐调味。

4.注意事项

鲤鱼蒸熟或煎半熟的目的是去除腥味。

党参大枣汤

汤

→ 健康补给站

大枣性甘无毒，治贫血是大枣的重要疗效，气血两虚者可利用大枣养血补气，让面色不再萎黄。大枣与党参共煮，气血双补，功效更强，亦可治脾胃虚弱。

大枣能降低药物的副作用，减低其刺激性，让药性转趋温和。现代人吃下太多高热量食品，又嗜吃垃圾食物，不如将吃零食的习惯改为吃大枣，满足口腹之欲又兼养生，让自己随时元气饱满。

1. 功效

补血、安神、补中益气、补胃虚、开胃、健胃、提高免疫力。

2. 食材

党参10克、大枣20粒。

3. 做法

（1）党参和大枣用冷水泡发。

（2）党参与大枣放入锅中，加入3倍清水，小火煮30分钟。

（3）党参与大枣留在锅内，煮好的汤倒入另一个容器中，再加入3倍清水煮30分钟，将两次的汤水混合再饮用。

4. 注意事项

黑枣比红枣更具补血之效。腹胀者、因蛀牙而疼痛者均不宜饮用本汤方。饮用时不可配海鲜，以免引

肉桂不仅可以加在咖啡中增加风味与口感，还可被用来去除肉腥味。事实上，性热味甘的肉桂，可促进肠胃排气，帮助消化，避免胃痉挛。胃痛、消化不良、腹痛，都能用肉桂来食疗。

肉桂除了当成食品或药用，用在居家防霉，效果也很好。

东方人的饮食烹调，一向少不了姜，中医药典中也记载了不少姜的临床运用，对于肠胃较弱者，姜有助消化、暖胃、刺激食欲、增进肠胃蠕动的功能。姜的止吐疗效经过实验证明，除了延缓晕车症状的出现，怀孕女性食用姜粉，也能缓解孕吐，对胎儿亦不会有副作用。

1. 功效

健脾胃、整肠、防晕止吐、增进血液循环、治消化不良。

2. 食材

猪肚1个、姜10克、肉桂3克、盐和胡椒少许。

3. 做法

（1）猪肚洗净，去油脂，切小块。

（2）姜片、肉桂、猪肚、盐，放入碗中隔水加热。

（3）猪肚炖熟后撒点胡椒，便可食用。

4. 注意事项

肉桂性热，宜适量食之。内热、热伤风、女性经血量多者勿食用。培育肉桂时，勿让强烈阳光直接照射，否则容易死亡。

猪肚炖姜桂

葱白大枣汤

汤

→ 健康补给站

　　葱白具安心定神的效果，可助失眠者安然入睡。流感来临时，听到身边此起彼落的喷嚏声，是不是感到忧心忡忡？其实，葱白也有治感冒、防感冒、增加免疫力的效果。鼻塞时，可拿一小段葱白塞在鼻下，帮助鼻子畅通。

　　大枣同样有安神、治失眠的功能。心悸者，吃大枣亦能缓和，与葱白共煮，效果加倍，改善睡眠不足引起的精神不济。

　　中药里治忧郁症药方，也常以大枣作为重要药引，许多更年期引起的轻度烦躁失眠，可用大枣搭配其他药材，如甘草、小麦，共同煎煮，可减轻症状。

1.功效

安定神经、治失眠、防感冒、通鼻塞、散寒、顾脾胃。

2.食材

葱白15克、大枣15粒。

3.做法

锅中放入洗净去核的大枣与葱白，加3碗水，用中火煮20分钟左右，滤出汤汁便可饮用。

4.注意事项

咳嗽、有痰、蛀牙疼痛者勿喝本汤方。

黄花菜不仅能欣赏，而且是一种物美价廉的食物。黄花菜味甘性平，有疏解躁动情绪的功能。黄花菜有个别名，叫作"忘忧"，长期闷闷不乐、陷入忧愁并失眠者，更要多吃黄花菜。

《本草纲目》中记载了黄花菜的疗效，指出黄花菜营养成分高，可助排尿、消肿、补血、安神。

黄花菜排骨汤

1.功效

抗忧郁。

2.食材

黄花菜75克、排骨100克、盐适量。

3.做法

（1）黄花菜去蒂洗净。

（2）排骨洗净氽烫。

（3）用大火烧开一锅清水，放入排骨，转小火煮8～10分钟。

（4）放入黄花菜，小火煮5分钟，加盐调味即可。

4.注意事项

许多外表亮丽的黄花菜多有其他添加物让色彩美艳，买回来后，用清水泡20分钟，便能释出添加物。通常外表较暗、不够漂亮的黄花菜，较不可能有其他添加物。痛风患者少吃黄花菜，发作时更要禁吃。

小麦甘草枣汤

→ 健康补给站

这帖"小麦甘草枣汤"，亦有人称之为"甘麦大枣汤"，是忧郁者的中药圣品，小麦、甘草、大枣均有定神效用，三味合一，就是一剂治忧郁的良方。经临床实验证明，忧郁症患者饮用后，在2个月内可减轻症状。曾有一位重度忧郁症男性患者，数月服药症状不曾改善，饮用本帖汤方约半年，病情大有好转。

职场、家庭双重压力的女性与日俱增，易有情绪不稳、焦虑、失眠的倾向，不妨多喝这帖汤。

更年期妇女亦能饮用，缓解更年期许多不适症状，例如焦躁易怒、失眠、情绪喜怒无常、盗汗、潮红现象。除了平日多参加活动拓展人际关系外，多饮用本汤方，可镇定安神，帮助妇女顺利渡过更年期。

1.功效

抗忧郁、养心安神。

2.食材

小麦15克、甘草5克、大枣（红枣为佳）6克。

3.做法

（1）大枣去核，小麦与甘草洗净。

（2）锅中放入所有食材，加2碗水，大火煮沸，转小火煮10分钟，冷却后饮用。

4.注意事项

胃涨者勿饮用本汤。过度食用甘草会造成血压升高。

Part 5
美人汤方

青木瓜炖排骨

 健康补给站

看到许多好体态的美女，是不是很羡慕呢？身材的发育除了靠遗传、自身体质外，也能靠后天的调养来补救，拥有32F傲人上围的女艺人天心小姐，也推荐这道菜，香港波霸叶子楣，青春期也常吃青木瓜炖鱼头。

青木瓜含有促进乳腺发育的酵素、维生素A。排骨富含蛋白质，可帮助丰胸。哺乳中的妇女食用本汤方，可促进乳汁分泌。

懒得烹调这道青木瓜炖排骨，喝木瓜牛奶与青木瓜四物饮，一样有丰胸效果。

1.功效

丰胸。

2.食材

排骨250克、青木瓜1根、干贝3粒、葱1/2根、姜2片、盐少许。

3.做法

（1）排骨洗净汆烫，青木瓜切块。

（2）排骨、葱、姜、干贝用大火煮开，再转小火煮15~20分钟。

（3）加入青木瓜，与其他食材共煮，直到青木瓜炖熟，最后加盐调味。

4.注意事项

成熟的木瓜所含的具丰胸成效的酵素较少，以青木瓜炖煮为佳。发育期间少女食用效果最佳，一旦过了青春期，即使有效果，也相当有限，但怀孕中与哺乳期间的妇女食用亦有效。

当归稀饭

　　当归是妇女的重要补品，在《神农本草经》中，当归是一种珍贵药材，其性温味甘，治疗或补身均有成效。对青春期少女来说，当归可帮助胸部发育，还可治贫血、改善血虚。女性生理周期除腹痛外，还会产生无力感、头昏、面色苍白，平日可食用当归来补身。对于血液循环不通畅引起的疼痛、不适感，可用当归来缓解。

　　除了滋补女性外，当归还能抗血栓。对于慢性肝损害者，可减轻纤维化状况与促进肝细胞活化。癌症化疗后，病患气虚，可用当归调养。

1．功效

丰胸、温暖子宫、助受孕、活血、造血、调经、顾肝、抗菌。

2．食材

当归8～10克、米1碗。

3．做法

（1）将米煮成饭。

（2）当归捣碎，用水煮。

（3）米倒入当归汤中，炖煮至浓稠即可食用。

4．注意事项

当归可润肠，有治便秘的功用，但腹泻应禁食。妇女怀孕及月经期间，也应暂停食用当归。当归略偏热性，燥热体质者应减量。

桂圆黑糖姜汤

汤

→ 健康补给站

桂圆可补血、安定神经、纾解压力、帮助血液循环、改善虚寒体质。常吃桂圆的女性，肤质也会特别红润。桂圆亦有丰胸功效，想丰胸的女性，也可多吃。

站在中医的角度，经痛与体质虚寒有关，姜有促进血液循环的功效，让身体感到温暖。

黑糖的营养价值较白糖高，可活血，帮助残余经血排出，与姜同煮则可增强效果。

1.功效

缓解经痛、补血、帮助残余经血排出。

2.食材

桂圆10克、老姜2片、黑糖1匙。

3.做法

（1）老姜洗净切片。

（2）将桂圆、姜片和黑糖用1碗半的水中火炖煮，熬成1碗即可。

4.注意事项

本汤方适合冬季饮用，夏季应减量。体质燥热者，喝黑糖水即可，勿加桂园和姜，以免"热上加热"。糖尿病患者禁喝。生理期来临前及生理期间禁喝冰品，体质偏寒者，平日应少喝冰饮料，否则即使喝更多的经痛汤方，甚至吃止痛药，依然疼痛

当归羊肉汤

当归是女性圣品，除了丰胸外，还可缓解经痛、帮助生理周期正常。经前综合征的不适感，也能用当归来缓和。当归对女性的疗效与"血"有关，可补血、活血、造血，清除体内品质不好的血，再造好血。女性的生理期"失血"，更需要用当归来补血。

羊肉的铁质含量比猪肉多，亦有补虚、益血及补血的功效，与当归同煮，则有加倍效果。

1.功效

解经痛、调经、补血、镇痛。

2.食材

当归3克、羊肉块8～10两、姜3片、盐与料酒少许。

3.做法

（1）羊肉洗净切块，汆烫。

（2）锅中放入羊肉、当归、姜、料酒，加入3碗水大火炖煮，再转小火煮至羊肉熟烂。

（3）起锅前，加少许盐调味。

4.注意事项

饮用本汤方应避开生理期与怀孕期。本汤方较热性，燥热体质者，应少量食用。乳腺癌患者禁食当归，以免活化癌细胞，使病况恶化。生理痛是不少女性的噩梦，有时经痛是心理压力、紧张所造成，女性生理期间，应保持心情放松。

四君子汤

汤

➜ 健康补给站

　　有些女性常感到四肢冰冷，冬季时更明显。如果不想再当冰山美人，期盼在冬季仍能生龙活虎，可饮用本汤方。还有不少的女性，除了四肢冰冷外，还有面色惨白、中气不足、舌苔过白、精神乏力、食欲不佳、慢性肠胃炎等症状，正需要饮四君子汤来补气。

　　人参是以补气益气为主。白术有利尿功能，对肝脏有一定的保护作用。茯苓则可健脾、治失眠，加入炙甘草是调和药性，四味合一，成为一帖气血双补、强健滋养的药方。

　　四君子汤与四物合煮，则成为"八珍汤"，加入陈皮与半夏，则成为"六君子汤"。

1. 功效

治手脚冰冷、补气、补血、健脾胃、缓解疲劳。

2. 食材

人参、茯苓、炙甘草、白术各5克。

3. 做法

锅中放入所有药材，加入2碗水，大火煮开，再转小火慢炖，熬1碗即可。

4. 注意事项

饭后饭前服用均可，但重感冒、体质燥热者不宜饮用。过度服用本汤方会有胸闷的感觉，勿将本汤方当水喝，有需要再炖煮即可。

　　青椒富含纤维素、维生素C、叶绿素、胡萝卜素，可让细胞组织更健康。

　　青苹果富含维生素C、苹果酸、柠檬酸，是养颜常用食材之一。

　　大黄瓜有润肤、退火、解毒的功效，晒伤的皮肤可涂黄瓜汁改善。长期用黄瓜汁当化妆水，皮肤更光亮。

　　西芹比一般的芹菜价值高，也是宋美龄的早餐必吃食品。

　　白苦瓜并没有绿苦瓜那么苦，肉身较软，富含维生素C，退火又抗氧化。

　　本汤方为戏曲名人周弥弥女士的美容兼减肥秘方，连喝3天，就能抢救晒黑的皮肤，周女士年事已高，却有吹弹可破的肤质，除了天生丽质，也靠着长期保养。

润肤果菜汁

1.功效

美白、润肤、减肥。

2.食材

青椒1个、青苹果1个、大黄瓜1/4～1/2根、西芹2片、白苦瓜1/4～1/2根。

3.做法

（1）白苦瓜、青椒去籽，西芹除去叶片，大黄瓜削皮去籽，青苹果削皮。

（2）用榨汁机将上述所有的蔬果榨汁即可。

4.注意事项

喝完果汁后半个小时再吃固体食物。

田七红枣木耳肉片汤

汤

→ 健康补给站

　　田七，又名川七、三七，可促进血液循环与新陈代谢，用在跌打损伤，则可止血散瘀、消肿止痛，散瘀功能与斑点的淡化有连带关系。黑木耳有活血散瘀、改善心血管循环的功效，同样能淡化斑点，其富含维生素则可滋润皮肤。红枣可使肌肤红润健康。

　　美丽，要由体内开始保养，花钱买昂贵的保养品，上美容课程，还不如调理体质有效。田七、红枣、黑木耳均是美肤圣品，让女性即使不上妆也有白里透红、无瑕疵斑点的脸蛋。

1. 功效
美肤、淡斑、止血、促进血液循环。

2. 食材
田七15克、红枣6粒、黑木耳3朵、猪肉片2片。

3. 做法
（1）田七洗净切片，红枣洗净去核，黑木耳洗净去蒂。

（2）田七、红枣、黑木耳放入锅中，加入2碗半的水，开大火煮开，再转小火炖煮30～40分钟，起锅前5分钟再放入肉片即可。

4. 注意事项
孕妇勿饮用本汤。

羡慕洗发水广告模特乌黑亮丽的发质吗？芝麻中的维生素E，可增进头发的生命力，滋润发质，比护发素、润发乳及染发剂好用而且安全，让你拥有一头黑亮的秀发，防止白发的产生，随时随地都像洗发水广告中的女主角。芝麻中所含的维生素E与维生素A交互作用，可增强皮肤的自我保护力，避免产生斑点。铁质含量丰富，可维持肌肤红润。

芝麻可助人体抗氧化，并中和体内酸性。在古代，芝麻糊是御膳房食品，如今已是老少皆宜，人人买得起，不想自己做芝麻糊，也能买冲泡轻便包，当点心吃，营养又健康。

芝麻糊

1. 功效

美发、预防掉发、明目。

2. 食材

芝麻粉2匙、冰糖1/2匙、水1碗半、糯米粉少许。

3. 做法

（1）锅中加入1碗半的水，将芝麻粉拌匀。

（2）水煮沸后，加入冰糖，煮开后，加入糯米粉，并将糯米粉拌匀。

4. 注意事项

磨碎的芝麻更易被人体吸收。芝麻糊易黏牙，需搅拌均匀。芝麻会促进"滑肠"，改善便秘，腹泻者不宜多食。食用过量的芝麻，也会引起肠胃不适。

巫婆汤

汤

→ 健康补给站

巫婆汤已盛行近10年，年过半百依然美艳的女星陈美凤、歌后王菲、京剧名伶郭小庄，多年来身材始终如一，据说都是巫婆汤的功效呢！

食用巫婆汤减重者，需连食材一并吃下，才能止住饥饿，避免摄取过多的淀粉，本汤方以7天为一个单位的减重疗程，搭配均衡的营养与运动，7日后身体体重，会发现已少了2~3千克。

1.功效

减肥、治便秘。

2.食材

洋葱1个、芹菜1把、葱1根、青椒2个、胡萝卜2根、卷心菜1/2~1个、番茄2个。

3.做法

（1）洋葱切片，芹菜切段，葱切段，青椒去籽切片，胡萝卜去皮切片，卷心菜洗净切片。

（2）锅中加水淹没所有食材，开中火将食材煮软即可。

4.注意事项

本汤方有清宿便、通肠功能，腹泻者勿饮用。饮用本汤方可能会引起腹泻，需依个人情况增减用量。减肥以一个月5千克最健康，标榜"狂瘦"的减肥法会让身体无法

黄　芪：活血补气，改善体虚，增
　　　　加对细菌的抵抗力，孕期
　　　　间减少生病概率。

海　带：钙质、矿物质、碘含量丰
　　　　富，让胎儿的头发、牙齿
　　　　长得好。

胡萝卜：胡萝卜富含维生素A，可
　　　　提高免疫力，孕期减少生
　　　　病概率。

香　菇：富含蛋白质、各种维生
　　　　素、烟碱酸，均是孕期不
　　　　可少的营养。

豆　腐：孕期最佳食品之一，可补
　　　　充钙质。

绿色花椰菜：富含维生素A、维生
　　　　　　素B、维生素C，可
　　　　　　帮助胎儿的成长。

马铃薯：富含维生素B_6、叶酸，为
　　　　孕妇理想食物。

1.功效

怀孕、哺乳妇女补身。

2.食材

黄芪10~15克、肉片3片、海带1
片、胡萝卜1根、香菇3朵、豆腐
1块、绿色花椰菜1/2棵、马铃薯
1/2 ~ 1个、盐适量。

3.做法

（1）海带洗净不切片，胡萝卜削
　　　皮切块，香菇洗净去蒂，花
　　　椰菜洗净切小朵，马铃薯削
　　　皮切块，豆腐切成4小块。

（2）黄芪、胡萝卜、马铃薯、海
　　　带、香菇放入锅中，加5 ~ 7
　　　碗水，开大火煮沸，再转小
　　　火煮25分钟。

（3）起锅前再放入花椰菜、肉片
　　　与豆腐，全熟后加盐调味。

4.注意事项

本汤方亦能当一般饮食食用，并非
怀孕哺乳妇女补身专用。

黄芪肉片菜烩汤

竹荪干贝鸡汤

→ 健 康 补 给 站

竹荪是一种食用真菌，中国云南地区盛产竹荪。竹荪有补气的功用，可消除腹壁累积的脂肪，除了用在妇女的月子餐点，也是不可或缺的年货之一。

干贝富含蛋白质，亦含有碘、钠、钾，具益气、滋阴、健体、调整血压的功效，干贝味道鲜美，可安定神经，缓和产后忧郁症状。

1. 功效
产后调理、促进乳汁分泌、补充蛋白质。

2. 食材
竹荪3条、干贝3颗、鸡腿1根，姜3片、盐少许。

3. 做法
（1）用1碗清水将干贝泡软。

（2）竹荪浸泡15～20分钟再氽烫，烫过后切小段。

（3）鸡腿洗净氽烫。

（4）竹荪、干贝、鸡腿、姜片放入电饭锅中，内锅加4～5碗水，外锅加2杯水，煮熟后再加盐调味。

4. 注意事项
自己栽种的竹荪硫黄味重，不如天然竹荪清香。竹荪先氽烫可去除异味。购买干贝时，宜挑选色泽金黄光亮、形状浑圆，无破裂的干贝。

　　本汤方在怀孕期间或产后坐月子都能喝，孕妇不是只有坐月子期间需要调养，怀孕时就该打造一个健康宝宝。

　　排骨钙质含量丰富，莲藕有补中益气、解毒、止血、补血、助排泄废物的功效，产前产后都能食用。怀孕期间或产后有贫血症状者，本汤方是补血上品。莲藕有镇定神经的功效，可缓和产前产后的焦虑症状。妇女产后吃莲藕，可帮助恶露排出，治产后血瘀。

　　产后忌吃生冷食品，莲藕属冷食，但孕妇可食用。

莲藕排骨姜汤

1.功效

产前滋补、产后调理。

2.食材

莲藕100克、中排150克、姜3片、盐少许。

3.做法

（1）莲藕去皮切片，中排洗净切块，姜切片。

（2）锅内加1000毫升水，放入莲藕、中排、姜，开大火煮开，再转小火煮20~25分钟。

（3）起锅后加适量盐调味即可。

4.注意事项

带着少许肥肉的排骨吃起来更有味道。老莲藕口感松，新莲藕口感脆。切开的莲藕可用保鲜膜包裹，避免发黑。

甘蔗姜汤

汤

→ 健康补给站

害喜是许多怀孕女性的噩梦，半数以上的妇女会有孕吐的不适症状，许多妇女症状轻微，可靠食疗来克服，若有危及胎儿与母体的严重孕吐，就该找妇产科医生诊治。

甘蔗姜汤是民间传统的止孕吐食疗。甘蔗有生津解热、止渴、益气、保健、缓和孕吐、开胃的功效。姜所含有的生姜素是孕妇的良伴，止吐、防晕、促进血液循环、

1.功效

止孕吐。

2.食材

甘蔗汁300～400毫升、姜1块。

3.做法

（1）姜洗净拍碎。

（2）甘蔗汁与生姜用小火同时炖煮即可。

4.注意事项

心理压力与饮食不当亦会使孕吐加剧，怀孕期间保持心情愉快、情绪稳定，做些有益的休闲活动，如散步、听音乐、看书，转移注意力。少吃油炸、油腻食品，饱餐后，勿立刻平躺，以免胃酸逆流增加

黄精可补气血、活血、助钙质吸收、帮助睡眠，对更年期妇女有滋补功效，更年期男性亦可用本药材补肾精。

淮山药可缓解更年期不适，如盗汗、失眠、情绪不稳。

枸杞可防止视力衰退、眼睛干涩、避免动脉硬化。

莲子有安神功效，可缓和更年期导致的情绪忧郁。莲子也有补肾滋阴的功能，适合更年期妇女食用。

1. 功效

更年期养生、补中益气。

2. 食材

黄精10克、淮山药150克、枸杞30克、莲子5粒、鸡块2块、盐少许。

3. 做法

（1）鸡块洗净氽烫，淮山药洗净切块。

（2）黄精、枸杞和鸡块放入锅中，加入6~7碗水，开大火煮熟，再转小火煮15~20分钟。

（3）放入淮山药与莲子，炖煮约10~15分钟，再撒些盐调味。

4. 注意事项

淮山药对更年期骨质流失有助益。中年男性亦可食用本汤方。更年期是自然的身体变化，不需当成疾病看待。

黄精淮山药鸡汤

Part 6

帅哥汤方

冬虫夏草炖鸭肉

汤

→ 健康补给站

与人参、鹿茸齐名的补品是什么？就是冬虫夏草。

冬虫夏草味甘、性平、无毒，对男性颇有滋补效果，增进性能力与体力，算是天然的"威而刚"，为壮阳、补肾药膳爱用的药引。

在中医文献中有记载，冬虫夏草的补虚功效甚强，也能调节免疫机能、抗氧化，有呼吸不畅或缺氧的毛病，亦能得到改善。根据近期研究显示，冬虫夏草还可抑制癌细胞生长。

1.功效

改善肾虚、体虚、阳痿、遗精，补阳滋阴。

2.食材

鸭1/2只、冬虫夏草10～15克、姜5片、葱1段、盐少许。

3.做法

（1）用清水浸泡冬虫夏草，滤出杂质。

（2）鸭肉洗净切块并余烫。

（3）姜切片，葱洗净切段。

（4）加水6～7碗，淹没所有食材，开大火煮沸，再转小火煮35～45分钟，起锅前加少许盐调味。

4.注意事项

加入冬虫夏草炖煮的食疗补品，勿超过25克，约15克就能达到效果。有不良商家将铅条夹入珍贵的冬虫夏草中，辨别方式很简单，只要将冬虫夏草折断，断面呈白色，便是没有铅条。鸭肉最好选用野生，口感更佳。

当归牛尾汤

　　牛尾最常被用来煮汤，以牛尾为主菜的经典名菜不多，但牛尾口感佳，不肥不腻，甚至比猪尾更胜一筹。营养丰富，是一道老少皆宜的菜肴，也是男性圣品，补血气、强精健体。

　　当归有补血调精、治血虚、养肝、强化腰肾的功能。

1.功效

改善肾虚、阳痿、性冷感，益气壮阳。

2.食材

牛尾1条、当归20～30克、葱1根、洋葱1个、姜3片、米酒1/2杯、盐和胡椒少许。

3.做法

（1）当归洗净，姜切片，葱洗净切段，洋葱去皮切片。

（2）牛尾洗净去毛并切段，余烫成七八分熟。

（3）爆香洋葱、葱段和姜片，再稍微炒过牛尾，放入当归，倒入清水及米酒淹没食材。

（4）炖至熟透后，将当归捞出，再加入盐和胡椒调味。

4.注意事项

牛尾脂肪层厚，适合煮汤，去皮或带皮煮都美味，不喜欢牛尾的腥膻味，可加入西芹去味。

汤

参茸乌鸡汤

→ 健康补给站

花旗参又称西洋参，产于美国，功用为清热生津，亦能壮阳益精、提升免疫力，补气效力比亚洲人参温和，属于凉补寒性参，不用担心燥热。

鹿茸可改善虚损、头晕目眩，消除疲劳，促进伤口愈合，加强心脏机能。运动健将吃鹿茸，可激发体能。鹿茸还可治男性阳痿，被称为天然"威而刚"，大受男性欢迎。

1.功效

壮阳、延缓老化、补气、养阴、降火、养血。

2.食材

花旗参15~25克、鹿茸15克、乌鸡鸡腿1只、枸杞30克、姜5片、盐少许。

3.做法

（1）花旗参洗净切片，用打火机烧掉边缘的鹿茸毛。

（2）乌鸡腿洗净备用。

（3）锅中烧开6碗水后，加入花旗参、鹿茸、鸡腿和姜，炖煮8~10分钟，关火，捞出浮沫丢弃。

（4）转小火煮20~25分钟，加入枸杞再煮5分钟，起锅后加盐调味。

4.注意事项

适量服用花旗参，可增加免疫力、调养虚弱体质，但过度食用则会有反效果。觉得身体虚弱时，每日4~5片即可，有畏寒、腹泻、四肢冰凉、体温低、咳嗽等症状，勿服用花旗参。亲自到牧场现买鹿茸，可避免买到假货。

　　山药是近年来极受欢迎的养生食品,可抑制癌细胞生长、强身健体、保肝补肾、促进食欲。多吃山药还可增加男性性能力,防遗精,缓和女性更年期症状。

　　蜂蜜对于呼吸器官、肠胃、心脏、肝脏、眼疾,都有医疗价值。蜂蜜中的生殖腺内分泌素,可使性功能活跃,其中荔枝蜜壮阳效果佳,但口感稍逊于龙眼蜜。

　　米酒是不少补品中的必备物,壮阳、养血、安神食谱中,亦会使用米酒为佐料。

　　蛋黄可补充适量的蛋白质、卵磷脂、脂肪。优质蛋白质可增加性功能。如因担心肥胖上身,蛋白质摄取不足,反使性能力低落。

1.功效
壮阳、强精、补充体力与营养。

2.食材
山药1/2碗、蜂蜜1~2匙、米酒1~2匙、新鲜蛋黄1粒。

3.做法
（1）山药洗净切小块。
（2）将山药、蜂蜜、米酒、蛋黄与1碗开水倒入果汁机中打成汁。

4.注意事项
肠胃功能不佳者,勿饮用本汤方。蛋黄热量高,胆固醇集中在蛋黄中,每周3~4粒即可。食用不新鲜的生鸡蛋会导致细菌感染。

山药米酒蛋蜜汁

荔枝酒

汤

→　健康补给站

　　荔枝性温味甘，具补气、补血、润肤、壮阳之效。荔枝含有葡萄糖、苹果酸、柠檬酸、蛋白质、糖、维生素C、维生素B_1、维生素B_2、膳食纤维、铁、钙等多种成分，可改善精液不足、阳痿、早泄。

　　维生素C有抗氧化功能，帮助精子顺利通过，增加受孕概率。

1．功效

健肺、壮阳，治肾亏、遗精、贫血。

2．食材

荔枝15～18颗、碎冰糖80克、高粱酒1/4瓶(可用米酒取代)。

3．做法

（1）荔枝去皮剥壳，拿小刀将荔枝肉划2～3刀，以便入味。

（2）将荔枝、冰糖放入高粱酒中浸泡，放在阴凉不受日晒之处，贮存3个月即可酿出美味的荔枝酒。

4．注意事项

荔枝，是历史著名美女杨贵妃的最爱，也是一种营养成分丰富的水果。荔枝的甜美滋味深受民众的欢迎，但它却是一种容易上火的食物，所谓"一啖荔枝三把火"并非子虚乌有。吃下太多荔枝，会造成火气旺盛、口干舌燥、发热、消化不佳，甚至引起流鼻血、嘴破、生眼屎等问题。喝荔枝壳煮水，可把火气旺盛的状况缓和下来。

　　海参又名"大海之珍"，蛋白质含量高，脂肪含量、热量极低，肉质软滑爽口，加上滋补能力惊人，又有"海中人参"之称，是慢性病老人食疗营养品，有补肾、益精、壮阳的功效。妇女产前产后、曾失血过多者，均可食用海参调理。

　　肉苁蓉不是真正的肉类，而是一种植物，味甘咸、性温，同样有补肾益精功能，在壮阳药中，是很常见的一味药。自明代起，医家发现肉苁蓉有通便润肠功能，排便不畅的病人，中医以肉苁蓉入药，症状立解。

　　枸杞有壮阳功效，壮阳药膳亦会以其入药，但比起海参与肉苁蓉，枸杞的壮阳效果稍低。

1.功效

壮阳、益精、补肾、通便。

2.食材

海参120～150克、肉苁蓉15～20克、枸杞15克、盐少许。

3.做法

（1）海参用水泡发，去内脏和壁膜，再用水洗净。

（2）肉苁蓉洗净切片，枸杞洗净备用。

（3）将所有食材放入锅内，加入清水淹没食材，中火炖煮2～3小时，最后加盐调味。

4.注意事项

海参肚子一定要彻底洗净，吃起来才不会有沙质感。

海参肉苁蓉汤

白果薏仁炖猪腰

汤

➡ 健康补给站

白果含有蛋白质、脂肪、淀粉、白果酸、白果酚等成分，兼具顾肾、补肺、益气的效果，还有止白浊、治小便频繁、消炎功效，亦能治注意力不集中。

薏仁健脾、抗癌、降血脂、减肥、美白。壮阳回春药膳中，也常会加入薏仁。

猪腰能补肾、补虚、强腰，肾虚或腰部酸疼者，可食用猪腰。

1.功效

壮阳、固肾、补肺、健脾。

2.食材

白果15～20粒、薏仁50克、猪腰1对、盐少许。

3.做法

（1）白果去壳洗净。

（2）撕掉猪腰薄膜，放入清水中清洗，排出血水再切片。

（3）泡过的薏仁洗净，放入锅中稍微炒过再捞出。

（4）所有食材放入锅中，大火煮沸后转小火炖煮3小时，起锅后加盐调味。

4.注意事项

燥热体质、尿酸高者不宜食用本汤方。白果特别适合秋天食用，但略有毒性，熟食为佳，煮熟后亦不可过量。购买猪腰时，选择嫩品、色浅为佳。

黄芪，性温味甘，是有名的补气药材，也有壮阳之效。可提高免疫力，促进呼吸系统，助升阳气，减少感冒的发生。现代医学认为，黄芪可强化心脏收缩功能。

淮山药为近年来广泛流行的养生食品，老中青适用，不只用来作为各种疾病的食疗、养生煲汤，连强精壮阳食谱、补阳药酒也有它的成分，淮山药可促进荷尔蒙，提升性欲。

红枣治脾虚、养血、补血、安神、补气、保护肝脏，多吃红枣可使气色红润，精神佳。

羊肉为壮阳益精、强筋健骨、治血虚的温补肉类，兼可补虚、益气、益肾，在壮阳食谱中颇常用。

1. 功效

壮阳、补脾、补虚、顾肝肾、益气、补充蛋白质。

2. 食材

黄芪20克、淮山药20克、红枣5粒、羊肉150克。

3. 做法

（1）用沸水将羊肉稍微烫煮，再浸在冷水中。

（2）黄芪、淮山药洗净，红枣洗净去核。

（3）将所有食材放入烧开的水中，大火煮沸，再转小火炖煮一个半小时。

4. 注意事项

羊肉应挑选色泽鲜红、质地饱实的新鲜品。

黄芪羊肉汤

桂圆猪肉汤

汤

→ 健康补给站

　　桂圆营养价值比其他水果高，蛋白质、铁、钙、维生素、蔗糖、葡萄糖一应俱全，是很好的滋补品，人体需要的营养成分，几乎都有了。养血、安神、益气、补虚，甚至壮阳，都有很好的疗效，就连有名的康熙大帝，冬季出门打猎，都会携带放了桂圆的补汤。

　　味道香美爽口的莲子也是壮阳食品之一，可治男性遗精、滑精、妇女白带问题，补虚损、养神、安神、益气。

1.功效

壮阳，治梦遗、滑精，开胃，益脾。

2.食材

桂圆25克、莲子15克、枸杞15克、猪肉片3片。

3.做法

（1）莲子、枸杞、肉片洗净。

（2）桂圆、枸杞和肉片放入电饭锅中，内锅加入1000毫升清水，外锅加1杯清水，炖煮10～15分钟。

（3）煮沸后，捞出浮沫，再加入莲子，炖煮12分钟即可食用。

4.注意事项

桂圆是上火补品，燥热体质者勿过度食用，咳嗽或患有荨麻疹、湿疹等过敏性皮肤病者禁食。便秘、肠燥结、感冒者，暂勿食用莲子。

鹿茸为强身健体、延年益寿、补肾益精的滋补品，可帮助性衰退的中老年人重振雄风。儿童、孕妇、青少年、中老年人、体弱者均可食用。助发育、安眠、治贫血、补元气、强筋骨。

把腰子切成十字形叉状即为腰花，猪腰含锌，对补肾很有效果，还能改善阳痿。

韭菜又名起阳草，韭菜中的纤维素可促进肠胃蠕动，帮助排便、防肠癌。《本草纲目》中有记载，韭菜有助阳固精的作用，可算是壮阳菜。

1.功效
壮阳、助孕、强精。

2.食材
鹿茸10克、猪腰1副、韭菜150~200克、盐1匙。

3.做法
（1）撕掉猪腰薄膜，放入清水中清洗，排出血水再切片。腰面切十字形花。

（2）韭菜去萎叶，洗净切段。用打火机烧掉边缘的鹿茸毛。

（3）锅中加入5~6碗水，放入鹿茸，约煮8~10分钟，加入韭菜至煮沸。

（4）沸腾后加入腰花煮熟，撒点盐调味。

4.注意事项
鹿茸是上等补品，却非人人能补，凡有高血压、内热、血热、小便过黄、经血过多、肝火旺盛、伤风感冒者，均不宜食用鹿茸补身。腰花要反复浸水，才可减少异味。

鹿茸腰花韭菜汤

蒜味胡萝卜滚蚝汤

汤

在日本，大蒜的强精效用颇受肯定，男性多食大蒜，可强化体质并壮阳。大蒜与维生素B,结合，可帮助肠胃蠕动，使消化顺畅。一般人多食大蒜或以大蒜入菜，除了增加美味，还可排除体内坏胆固醇，把好胆固醇留下来。

胡萝卜是荷兰国菜，胡萝卜素在人体内转化为维生素A，有效防止恶性肿瘤，改善夜盲症。常吸烟者易伤肺，不妨多喝胡萝卜汁保护肺部。荷兰做过研究，年长者多摄取胡萝卜，可预防心血管疾病。

男性体内缺少锌，会使精虫量不足，且品质不佳，生蚝含锌量高，男性多食，可增加性能力，助妻子怀孕生子。

1.功效

壮阳、固精、助孕、顾肺。

2.食材

大蒜3瓣、胡萝卜200克、生蚝10颗，盐少许。

3.做法

（1）生蚝洗净，热水烫过后沥干备用。

（2）大蒜剥皮，洗净切半。胡萝卜洗净切块。

（3）锅中加入约4碗清水，将蒜头和胡萝卜煮滚，再加入生蚝煮至熟透，煮熟后加盐调味。

4.注意事项

生蚝含高胆固醇，过度食用会危害心血管。大蒜吃多了伤肠胃，生蒜每天1瓣为佳，熟蒜每天可食用3瓣。

蚬子，性寒，味甘咸，《本草纲目》中有记载，蚬子有开胃、去暴热、明目等功用。由春季开始渐渐变得鲜美多肉，常吃蚬子，可使精液量增加，强化性功能，提高受孕概率。

自古以来，蚬就是养肝食品，因其对身体健康颇有助益，且价位低，在古代的中国，就常有蚬子佳肴。蚬子还有一项重要功能就是解酒，利用蚬子的成分，短时间内化解体内宿醉成分。

蚬子汤除了可强精助孕外，亦能改善视力模糊，双眼干涩症状。蚬子含有各种易被吸收的有机矿物质，可维护人体机能。

蚬子姜汤

1. 功效

开胃、助孕、益精、养肝、抗衰老。

2. 食材

黄金蚬子500克、姜5片、葱1根、米酒少许、盐少许。

3. 做法

（1）蚬子放入盐水中吐沙，约4～6小时吐完。

（2）葱洗净切小段。

（3）锅内加入6～8碗水，烧开后加入蚬子，再度烧开后放入姜片、葱花和米酒。

（4）待蚬子打开后，撒些盐即可食用。

4. 注意事项

蚬子可顾肝、修补受损的肝细胞，但此功能仍在不断地实验与检视中，它不能代替药物，所以有肝病还是要依询正规医疗。

Part 7
发育汤方

幼儿
排骨汤

汤

　　钙质对发育中的幼儿很重要，是长高的关键之一，钙质不足，影响幼儿骨骼生长。补充钙质，除了多喝牛奶外，排骨中的钙含量，也是助长发育的食物之一，与番茄同熬，让钙质加速融入汤汁，茄红素有抗氧化功能，煮熟的番茄，茄红素更易被人体吸收。

　　洋葱有强化骨质、预防骨质流失的功效，幼童发育期间，多吃洋葱可让骨质扎实，长得更高。研究显示，实验鼠连吃1个月的洋葱，骨质增加了不止13%

1.功效

补充钙质、强化骨质。

2.食材

排骨块150~200克、芹菜1根、番茄1/2个、豆腐1/2块、洋葱1/2个。

3.做法

（1）排骨洗净汆烫，锅中加入2杯水，再加入洗净去皮的番茄，中火煮熟。

（2）芹菜洗净切小段，洋葱剥皮切小片，豆腐洗净。

（3）排骨烫好后，去掉骨头与肥肉，将肉切小块。

（4）搅拌机中倒入1杯水，芹菜与洋葱放入搅拌机打碎。

（5）将小块肉、番茄、芹菜洋葱汁倒入锅中，加入适量清水，炖煮25～30分钟，起锅前5分钟加入豆腐。

4.注意事项

脾胃虚的儿童不宜生吃番茄，熟食较佳。

　　药炖排骨，又名"转骨汤"，可补气升阳、生津、顾胃、养血、强筋健骨、滋润皮肤，用多种中药材炖煮而成，药性却十分温和，一年四季都可享用。药炖排骨的烹煮方式十分简单，所用的药材极易取得，更可直接买药包炖。

　　儿童、青少年发育迟缓、体虚瘦弱、身材矮小、发育不明显，课业繁重，极需体力，都能用本汤方调理，最慢半年可见效。

发育

药炖排骨

1.功效
促进发育、健骨、长高、活血、行气、补充蛋白质。

2.食材
当归17.5克、川芎10克、熟地黄17.5克、枸杞15克、桂枝10克、黄芪15克、红枣6颗、排骨500克。

3.做法
（1）排骨洗净氽烫并沥干。
（2）排骨与所有药材放入锅中，加入7～9碗水，开大火煮沸，再转小火炖煮30～40分钟。

4.注意事项
儿童9～12岁期间，父母需特别关注其转骨期，督促他们营养均衡与规律运动。少女初来月经常有腹痛倾向，食用药炖排骨可调节月经失调，避免腹部闷痛。发育调理勿超过青春期，否则无效或效果不明显，男孩16岁前、女孩14岁是最重要的转骨期，男孩每周食用一次，女孩在月经完毕后食用，调养效果更佳。

发育

猪骨料理汤

汤

→ 健康补给站

　　猪骨汤味道鲜美，钙含量丰富，熬入汤中，就是一锅助发育的高汤，为儿女补充生长所需要的钙质，父母不妨鼓励喝猪骨汤。猪骨炖出来的高汤味道香，又带有肉汁味，很多擅长烹调的家庭或外面的餐馆，都会保留一锅猪骨汤做汤底。

　　维生素A是视力保健的关键之一，多吃胡萝卜，可保视力健康不近视，吃下去的胡萝卜素，在人体内转化成维生素A，即是一种保护眼睛的营养素。

　　许多幼儿常有便秘的情况发生，在汤中加入蔬菜，可改善便秘，也让小朋友提早养成吃青菜的好习惯。

1.功效

补充钙质、增高、健骨、护眼。

2.食材

猪骨250克、胡萝卜150克、菠菜100克、白豆腐1块。

3.做法

（1）猪骨洗净，煮3～5分钟。

（2）胡萝卜洗净切小块，白豆腐洗净切小块。

（3）菠菜洗净切段，用小锅煮熟，菠菜汁倒掉。

（4）猪骨熬1小时，让汤变浓，再加入胡萝卜炖煮约20分钟，起锅前5分钟再加入菠菜和白豆腐。

4.注意事项

猪骨以新鲜、现杀、颜色鲜红的较好。

　　羊肉的钙质和蛋白质含量都很丰富，羊肉的维生素B_1、维生素B_2都比猪、牛、鸡多，能变化的料理也不少。发育期间的青少年，营养不良或生长太慢，可吃羊肉料理。《本草纲目》中记载，羊肉可治虚寒、补中益气，成长中的青少年如胃口不佳，吃羊肉则有开胃功效。

　　淮山药含有植物性激素，可帮助胸部发育，促使骨质的形成。近年来有医学研究报道指出，淮山药的功效几乎能与人参相提并论。

　　当归的疗效很广，一直是女性圣品，但男孩生长期间，行气、活血也少不了它。青春期女孩以当归补身，可让子宫更健康，帮助胸部生长。

发育

淮山药炖羊肉

1.功效

改善发育迟缓、补中益气、增强消化机能。

2.食材

淮山药20克、羊肉200克、米酒10克、姜10克、当归3克、葱白1根。

3.做法

所有食材放入锅中，加入8碗水，开大火煮开，再转小火将羊肉炖至熟烂即可食用。

4.注意事项

羊肉最适合在冬天食用，特别是10℃以下的低温。

长高

大骨高汤

→ 健康补给站

台大医院营养师曾研究，大骨的含钙量丰富，但与牛奶相比，还是"小巫见大巫"，约28碗的大骨汤，才有1碗牛奶的钙质量量，虽然如此，多喝大骨汤，对发育期的儿童也不无小补。

厨房里随时留着一锅大骨高汤，不断地熬煮、加热，可让味道更鲜美，钙质更浓，煮面、滚汤，都因汤头的缘故而更加美味。电视上美丽的女艺人天心小姐，小时候常喝妈妈的大骨高汤，她认为自己能长得那么高，大骨汤功不可没。

1.功效
长高、强化骨骼。

2.食材
牛大骨或猪大骨250克、葱1～2根、姜数片、盐少许。

3.做法
（1）牛大骨或猪大骨先汆烫去血水。
（2）大骨与葱、姜放入锅中，加10碗清水，熬煮1小时，让大骨中的骨髓释放出来，并增加钙浓度。

4.注意事项
熬大骨汤时加醋，可提高汤中的钙含量。用一般的锅熬汤，煮的时间不宜太久，才不会有毒素产生，熬大骨汤最好用砂锅。

长高
酪梨牛奶

➜ 健 康 补 给 站

牛奶含有高蛋白质、高钙质，可协助幼儿发育、修护细胞，不仅发育期间的儿童要多喝，青少年、老年人亦不可忽略牛奶的摄取，而且一天至少要一杯。牛奶是最容易取得钙质的饮品，若对牛奶过敏，可用钙片取代。

酪梨有一种乳酪香味，又被称为"森林奶油"，它的脂肪含量特别多，但这些都是对人体有益处的脂肪，还含有维生素C、维生素B、钾、镁、胡萝卜素、叶酸、烟碱酸等多种人体所需营养物质。酪梨含有高量不饱和脂肪酸，具补脑、增强记忆的效用。

1．功效

长高、补充蛋白质和钙质、助胸部发育、养颜美容、增强记忆。

2．食材

牛奶300毫升、酪梨1/2个、糖或蜂蜜少许。

3．做法

挖出酪梨肉，与牛奶一起放入果汁机中打成汁，再加蜂蜜或少许砂糖调味。

4．注意事项

酪梨属于夏季食物。酪梨的卡路里比其他水果高4倍，半个酪梨等于1碗白饭的热量，太过肥胖的儿童避免吃酪梨，以免越吃越胖。

营养吸收

淮山药枣参肉片汤

汤

 健康补给站

　　淮山药有助于骨质、脑髓的形成，帮助消化，止腹泻。淮山药料理还可助少女胸部的发育。强身健体，增加免疫力，儿童发育膳食，常会加入淮山药。

　　党参较人参温和、味道较淡，补中益气、健脾效果亦佳，也是一种治疗体虚的良药。小孩发育状况差、精神不佳或面黄肌瘦，可用党参入药助发育。

　　红枣是一种补虚损、润心肺、益血健脾的圣品，气血不足者及肝功能不佳者，宜以红枣补身。如有儿童过敏性鼻炎、气

1.功效

健脾胃、补湿润燥、补血、壮神、补中益气。

2.食材

淮山药50克、红枣5粒、党参15克、瘦猪肉片2片。

3.做法

（1）瘦肉片切小块。

（2）淮山药、党参洗净备用，红枣去核洗净。

（3）所有食材放入锅中，加15碗水，开大火煮沸，再转小火炖煮2个小时。

4.注意事项

感冒、肠胃炎的幼儿勿食用本汤方。

钙质补充

豆芽吻仔鱼鸡汤

　　吻仔鱼钙质、蛋白质、维生素B、维生素C含量都很丰富，可滋养身体，更能帮助幼童发育，对牙齿和骨骼也很有益处，而且肉质细嫩。

　　豆芽富含蛋白质、维生素A、维生素C、糖、钙、铁、氨基酸等多种营养成分。多吃豆芽可帮助小朋友身体强健不生病，拥有极佳的记忆力。豆芽价位便宜，口感佳，自南宋开始，中国即有食用豆芽的记录，它的生长期比其他蔬菜短，易于培植，甚至连土壤肥料都不需要，不受季节影响，四季都可买到美味的豆芽菜。

1. 功效
补充钙、蛋白质、维生素，促进发育，增强记忆力。

2. 食材
吻仔鱼50克、豆芽150克、鸡块2块、盐少许。

3. 做法
（1）吻仔鱼、豆芽洗净备用。
（2）锅中加入2～3碗水，大火煮开，再加入吻仔鱼、豆芽和鸡块，中火煮10分钟，最后加盐调味。

4. 注意事项
许多人对吻仔鱼的腥味无法接受，更何况是挑食的青少年或儿童，不妨加少量白醋烹调吻仔鱼汤来除腥味。

补脑

益智桂圆肉片汤

汤

→ 健 康 补 给 站

　　益智仁无毒，味辛性温，又名益智、益智子，属草本植物，是一种补元气、顾脾胃、治呕吐的良药，如有频尿、遗尿问题，也可用益智仁来改善。

　　儿童情绪不如成人稳定，有些儿童甚至性格胆小，易担惊受怕，食用桂圆可有效改善此状况。虚寒瘦弱的儿童，桂圆是一种很好的滋养品，对于望子成龙的父母来说，非常重视孩子的智力，多吃桂圆，可助长智力的发展，孩童若有反应不如人的状况，不妨让他们多吃加了桂圆的食品。

1. 功效

促进智能发育、补体虚、养血安神、补充蛋白质、壮元气。

2. 食材

益智仁15克、桂圆15克、瘦肉片2片、盐少许。

3. 做法

（1）用白色布袋将益智仁装好。

（2）加入4碗水，将益智仁袋、桂圆和瘦肉放入锅中，用小火煮至1碗水的分量，再加少许盐调味。

4. 注意事项

食用益智仁会使白细胞升高。桂圆属热性，体热、有心血管问题，感冒发烧或身体某器官发炎的幼

→ 健康补给站

在这个时代，考试从小考到大考，不管是上课、复习或应考，都需保持最佳状态，特别是许多关键性的大考，都集中在令人昏昏欲睡的炎炎夏季，考试时更需精神良好。长期与书本奋战，易使学生视力恶化，近视散光度数增加，只能不停地配眼镜。熬夜会影响肝功能，睡眠不足会导致精神状况差，免疫力下降。情绪紧张，则造成考试失常，很多考生为了振奋精神来念书，长期饮用高咖啡因饮料，或食用昂贵的补品。其实要保持考试最佳状态，可试试这帖枸杞红枣桂圆汤。

本汤方以三味简单药材同熬，具补血、安神、补气、养肝、明目、提神的功效。

枸杞红枣桂圆汤

1. 功效

益智、护眼、补气、顾肝、提高免疫力。

2. 食材

枸杞25克、红枣8粒、桂圆10克。

3. 做法

所有材料放入锅中，煮至汤水浓而深即可饮用。

4. 注意事项

此三味药材可直接用热水冲泡，再用锅蒸，但还是以炖煮效果更佳。想加强效用，可再加入10~15克党参同煮。

补血气

猪蹄莲藕汤

汤

 健 康 补 给 站

　　一般人对猪蹄有负面印象，认为猪蹄脂肪高、热量高，吃了会使胆固醇升高、肥胖。事实上，猪蹄能变出很多美味的料理，含有丰富的胶质、蛋白质，体虚者食之，有益气补血的功效，也可促进少女胸部发育。胶质对骨骼、皮肤的组成很重要，可让皮肤有弹性、避免骨质脆弱。

　　莲藕，原产于印度，又叫"七孔菜"，可治贫血、便秘、补五脏，亦具开胃功能，不论是生吃还是熟食，多吃莲藕可让身体变得强壮。莲藕铁质含量丰富，具补血、凉血及止血的效益，体弱的老人、妇女、青少年或儿童，可食用莲藕变化的各种料理，或喝莲藕汤补益。

1.功效

健胃、开胃、补血气、助骨骼生长。

2.食材

猪蹄2只、莲藕500克、枸杞25克、姜3片、盐少许。

3.做法

（1）猪蹄洗净备用，莲藕去皮洗净，姜切片。

（2）锅中加入10～12碗水，用大火煮开，再转小火炖煮2～3小时，最后加盐调味。

4.注意事项

肥胖、心血管疾病者不宜食用猪蹄，偶尔食用亦需节制。经痛时勿食用莲藕。莲藕如有发黑、异味，不可食用。

Part 8
老人汤方

海参山药汤

→ 健康补给站

　　海参没有胆固醇，却有丰富的胶质和蛋白质，可改善老年人关节不适、稍微运动就骨骼作响的毛病。海参是低嘌呤食品，痛风患者可食用，高血压患者亦可当补品吃。多吃海参甚至能防止头发变白。

　　建议老人多吃枸杞，因为枸杞有抗衰老以及明目的功效。实验证明，枸杞还可预防阿尔茨海默病。

　　山药的很多成分与激素类似，对老年人、更年期妇女帮助很大，也可使皮肤光滑、帮助消化、补体虚，还有防癌的效用。山药中含有黏蛋白，可改善蛋白尿、小便起泡。糖尿病患者吃了山药，能缓解症状。

1.功效

补气血、养肝肾、护眼、降血糖、增加免疫力。

2.食材

海参200克、枸杞20克、山药100克。

3.做法

（1）海参用水泡发，去内脏和壁膜，用水洗净。

（2）枸杞、山药洗净备用。

（3）海参、山药切块，与枸杞一起放入锅中，加水淹没食材。

（4）用隔水加热的方式炖煮约2小时即可食用。

4.注意事项

消化功能不佳的老人，不宜生吃山药。

红枣汤

→ 健 康 补 给 站

中医认为，红枣是补气良药，药性温和，营养很丰富，有补气益血、安神镇定、缓和药性的功能，还能保护肝脏的健康，抑制癌细胞与乙型肝炎病毒的生长，增加血液中的含氧量。老年人若有失眠、精神紧张的问题，可用红枣与甘草、小麦同煮，就能有安神功效了。

红枣是养生药膳中的宠儿，功效、用途都很广，亦是极易取得的补品，老、中、青、幼儿都可食用。研究指出，红枣的维生素C含量惊人，对健康颇有益处。

1. 功效

补气、健脾、养肝、治失眠、抑制癌细胞。

2. 食材

红枣12~15颗。

3. 做法

锅中放入红枣，加2碗水，炖煮至1碗的分量即可饮用。

4. 注意事项

时常感到肠胃胀者，可加入生姜与红枣同煮。红枣与黑枣的功能类似，但黑枣补血效果更强。红枣糖分高，有糖尿病的老人避免食用。肠胃功能不佳的老人，勿将红枣皮吃下，以免加重不适感。

枸杞菊花汤

汤

→ 健康补给站

枸杞菊花汤是民间盛行已久的明目汤方，各年龄层均可饮用，老年人常会感到视力衰退、双眼酸痛，眼睛分泌物多，眼睛是灵魂之窗，如功能不佳，会造成很多困扰。枸杞菊花汤是护眼圣品，能有效改善视力退化，每天喝1杯，不只能拥有一双明亮的双眼，还有降血压、降血糖、预防动脉硬化的功效。老年人免疫力比年轻人差，一感冒就容易引起肺炎或其他并发症，多饮用本汤方，可防止伤风感冒，亦能抗老化、保护肝脏、清热解毒。

本汤方亦适合用眼过度的电脑族饮用。

1.功效

治视力衰退、清肝明目、降血压、降血糖、延年益寿。

2.食材

枸杞15～20克，菊花5克。

3.做法

锅中加入3～4碗水，将枸杞煮开，再放入菊花闷熟即可饮用。

4.注意事项

本汤方也是电脑族护眼良药，但绝不是万灵丹，必须正确使用电脑，不可用眼过度，上网、玩游戏都要节制，眼睛与电脑屏幕至少要保持一个手臂长的距离。挑选菊花时，亮白丰满的菊花通常不是上品，应该选择的是颜色偏黄、个体小的菊花。

银耳清鸡汤

老人的肠胃蠕动功能较差，身体状况不佳长期卧床者，便秘问题更严重，服用银耳超过10日，即能发现排便顺畅多了，完全不必服用肠胃药，便秘引起的大便出血也会有所改善。老年人长期咳嗽，会有极为不适的喉咙瘙痒，食用银耳亦可缓和症状。

银耳是温和、不刺激、益气润肺的补品，适合体虚者滋养，银耳的补肾功能，也是美容、抗老的关键。银耳中含有银耳多糖，可抑制恶性肿瘤，如因癌症接受化疗，吃银耳的患者承受化疗的耐力更强。如有高血压、动脉硬化症状，睡前可服用银耳。

1.功效
补虚、润肺、治便秘、治喉咙痒、抑制癌细胞。

2.食材
银耳10克、鸡肉250克、盐和胡椒少许。

3.做法
（1）将银耳泡涨（约1个晚上）。
（2）鸡肉汆烫备用。
（3）鸡肉煮熟后，再放入泡发的银耳，炖煮3～5分钟，再加入少许盐和胡椒调味。

4.注意事项
银耳可当成补品与药物，当成补品，适合"煮"；当成药物治病，适合"蒸"。

紫菜萝卜鱼汤

汤

→ 健 康 补 给 站

　　紫菜的蛋白质含量比大米高8倍，含碘量亦是藻类之冠。现代医学研究发现，紫菜有降胆固醇、调节血压的功效，紫菜中含有一种"甘露醇"，可辅助治疗水肿。老年人常感记忆力大不如前，多吃紫菜可使记忆力更佳。

　　胡萝卜的维生素A含量居所有蔬菜之冠，对肝、肾的保健很有效果，同时也是一种补眼的食物，可有效预防视力减退。精神不佳者，常吃胡萝卜，可早日振奋精神。

　　蛋白质是人体各种细胞的必需营养素，鱼类蛋白质含量丰富，且易被人体消化吸收，深海鱼含有DHA与EPA，可防止血栓塞形成，深海鱼油还可清血管，保持血压正常。

1.功效

明目、降胆固醇、降血压、增强记忆力。

2.食材

紫菜100克、胡萝卜1根、新鲜鱼1条、蒜3瓣、盐少许。

3.做法

（1）鲜鱼洗净去内脏，先煎至金黄色。

（2）胡萝卜洗净，削皮切块。

（3）烧开一锅水，再将紫菜、胡萝卜、蒜和鱼放入，用小火炖煮2小时，再加少许盐调味。

4.注意事项

购买紫菜以有光泽及薄的产品最好。维生素A是补眼的重要营养，但过度食用亦会

番茄是低糖高纤维水果，在
美国，多年前有段时间视番茄为毒
物，当时无知的人们并不知，番茄
后来被视为养生水果。每周吃番茄
制品超过10次以上，前列腺癌的罹
患率可降低35%。煮熟的番茄，并
不会破坏茄红素，反而会使茄红素
释放得更彻底。多吃番茄，可清血
管、预防各种癌症、抗老化。

豆腐营养价值高，物美价廉，
尤其是老人牙齿脆弱，豆腐质地柔
软又好消化。肠胃虚弱、牙齿动
摇，可多吃豆腐养生、抗老化，补
充人体所需的蛋白质、铁、钙等重
要营养。

1.功效

防癌、清毒净血、控制体重。

2.食材

番茄1粒、方形豆腐2块、蛋1个、
盐少许。

3.做法

（1）蛋打在碗中，挑掉半粒蛋
黄，用汤匙搅拌备用。

（2）番茄和豆腐洗净切小块。

（3）锅中加水一碗半，开大火煮
沸，再加入番茄、蛋花和豆
腐煮5分钟，最后加盐调味。

4.注意事项

挑掉半粒蛋黄的目的是降低胆固醇
的摄取。豆腐性凉，常腹泻者，不
宜常吃。

番茄豆腐蛋花汤

薏仁芝麻糊牛奶

汤

→ 健康补给站

　　每天喝1匙薏仁粉泡开水，有很好的利尿效果，维持皮肤光滑，消除浮肿，具减肥效果，对中、老年人控制体重很有帮助。薏仁含有HDL，可清血管，适合作为各年龄层的保健食品（孕妇除外）。

　　芝麻体积极小，却有很多营养成分，芝麻含有卵磷脂，可防止有害的脂肪在人体内堆积，清除肝脏上的脂肪，并滋补脑髓。多吃芝麻，还能使头发乌亮，延缓生出白发。芝麻有丰富的铁质，可治贫血。《本草纲目》中记载，芝麻也有明目功效。

　　薏仁芝麻糊是不错的营养品，再加1茶匙奶

1.功效

养肾、养颜、明目、控制体重、乌发。

2.食材

薏仁粉1匙、芝麻粉1匙、奶粉1匙、热开水1碗。

3.做法

将薏仁粉、芝麻粉与奶粉拌在一起，再倒入热开水慢慢搅拌成糊状。

4.注意事项

爱美的人可拿薏仁粉敷脸，美白效果极佳。购买薏仁粉给老人食用，最好买不含糖的。薏仁粉开封后尽快食用完毕。

　　自明代起，卷心菜就有作为药用的记录，目前是一种很普遍的蔬菜，低热量、高纤维、高维生素K。卷心菜的防癌效果已获证实，长期食用可防胃癌。卷心菜的烹调方式很多，炒食、煮汤、当火锅料、凉拌、做生菜沙拉。

　　胡萝卜也能变化各种美味料理，煮汤、炒菜，甚至生吃均可，也是饮食中配色的食材，热量低，适合老年人食用。

　　香菇有种与生俱来的香味，尚未下锅煮就已令人食指大动。香菇的防癌、增进免疫力功能已得到证实。

1.功效

防癌、防高血压、明目。

2.食材

卷心菜300克、胡萝卜1/2根、香菇3朵、盐少许。

3.做法

（1）香菇泡软。

（2）卷心菜洗净切片，胡萝卜洗净削皮切小块。

（3）锅中烧开2碗水，再将所有食材放入，炖煮10分钟，加点盐即可食用。

4.注意事项

过度食用卷心菜会引起甲状腺低能，宜适量，不得因其防癌功效而狂吃。卷心菜只能"防癌"，无法杀死已经形成的癌细胞。老人宜食用煮熟的胡萝卜。

卷心菜萝卜香菇汤

汤

肉丝枸杞汤

→ 健 康 补 给 站

在《神农本草经》与《药性本草》中，都记载了枸杞具有使人长寿的功效，本汤方用的食材单纯，烹调方式更简单。

枸杞可预防阿尔茨海默病、抗老化，并阻止阿尔茨海默病恶化。古代曾有一个传说，提及一名老人因食用枸杞成习惯，百岁之龄仍耳聪目明、健步如飞，甚至长出新牙，鬓发由白转黑，这个故事将枸杞的功效过度神化，却说明了聪颖的老祖宗在千百年前即知用枸杞来养生。

1. 功效
明目、补肝肾、抗老、延年益寿、促进血液循环。

2. 食材
猪肉丝200克、枸杞30克。

3. 做法
锅中加入2碗水与枸杞，开中火，煮至汤水变深，再加入猪肉丝炖煮5分钟。

4. 注意事项
身体虚寒、抵抗力差者可常食用本汤方。反之，体质燥热者勿食，以免热上加热。

菊花粥

　　菊花的料理十分多样化，泡茶、酿酒、做糕点、煮粥、炼膏均各有其疗效。菊花花瓣晒干，塞入枕头套，做成清香的菊花枕，能治头晕失眠，当成赏玩花卉，可辅助缓和感冒症状。

　　老人食用菊花粥，易咀嚼，好消化。菊花有明目功能，对于视力模糊、眼睛干涩很有助益，老人更易感到眼睛疲劳酸痛，可常饮菊花茶、食菊花粥。早上起床发现眼睛浮肿，用棉花沾菊花汁液敷眼，很快就恢复正常。

　　近代研究指出，菊花有抗病菌的成分，可预防流感病毒，缓解咽喉炎。

1.功效

明目、清肝、治目涩、养肝血、除燥、防感冒。

2.食材

菊花40克、米100克、白糖少许。

3.做法

先用菊花熬出汤水，取菊花汤与米同煮成粥，最后加少许白糖调味。

4.注意事项

白菊花主"理气""养肝"，黄菊花主"清肺""解热"，依个人体质选用。菊花性微寒，冬季和夏季都可食用菊花料理，但腹泻时禁吃。

韭菜冬菇肉汤

汤

健康补给站

冬菇与香菇、蘑菇、草菇一样，属食用菌，富含蛋白质、维生素、纤维、多糖，脂肪与热量均低，其中又以干冬菇的非水溶性纤维含量最丰富，可有效预防便秘。

韭菜亦可预防便秘，刺激肠胃蠕动，丰富的纤维含量则可防止肠癌的发生。韭菜的药用价值则为降血脂、补肝肾、健胃整肠、解毒、减少胆固醇吸收。四肢冰凉者多食韭菜，可帮助血液循环。

1.功效

解毒、益胃、益气、防癌。

2.食材

冬菇5朵、韭菜200克、瘦肉200克、盐少许。

3.做法

（1）冬菇泡软，洗净切开。

（2）韭菜洗净切段，瘦肉切小块。

（3）锅中烧开3碗水，放入冬菇、韭菜与瘦肉，煮至食材熟透，再加盐调味。

4.注意事项

冬菇益气解毒，且形体越大价位越高，稍小型的冬菇味道更佳。韭菜是热性，体内燥热者不宜经常食用。消化不良者则应禁食。韭菜有强精的效用，但过

海带热量低，碘、钙的含量丰富，可治疗骨质疏松。经实验证明，海带萃取物"甘露醇"可防癌。在日本，海带极受民众青睐，日本人长寿，专家认为是长期食用海带的功劳。

白米比糙米美味，视觉佳，但糙米保留了米类最原始、最完整的营养成分，蛋白质、脂肪、各种维生素、糖类含量都比白米高，少了种皮与胚牙的白米，比糙米占优势的地方，就只有口感了。常吃糙米，有助排毒、助排泄、降血脂、防肠癌的功用。

1. 功效

刺激肠胃蠕动、促进消化吸收与甘油三酯代谢、控制血糖、防癌。

2. 食材

糙米1杯、海带2片、排骨高汤1～2杯。

3. 做法

（1）糙米洗净，浸泡5～6小时备用。

（2）海带洗净，切小段。

（3）锅中加入糙米、海带、排骨高汤，再加入2碗清水，煮1小时。

4. 注意事项

炖煮时需搅拌，才不会粘锅。痛风患者禁食本汤方。煮糙米时，可在水中加冰块，使米的口感变好。海带含碘，甲状腺功能亢进患者避免食用。

海带糙米排骨粥

图书在版编目（CIP）数据

当令进补汤 / 罗荷丝编著. -- 武汉 : 湖北科学技术
出版社，2016.1

ISBN 978-7-5352-7709-1

Ⅰ.①当… Ⅱ.①罗… Ⅲ.①保健－汤菜－菜谱
Ⅳ.①TS972.122

中国版本图书馆CIP数据核字（2015）第077099号

责任编辑：赵襄玲　　　　　　　　　　　　　　封面设计：周宏益

出版发行：湖北科学技术出版社　　　　　　电　　话：027-87679468

地　　址：武汉市雄楚大街268号　　　　　　邮　　编：430070
　　　　　（湖北出版文化城B座13-14层）

网　　址：http://www.hbstp.com.cn

印　　刷：北京缤索印刷有限公司　　　　　　邮　　编：101111

710×1000　1/16　　　　　　7.5印张　　　　　　150千字
2016年1月第1版　　　　　　　　　　　　　　2016年1月第1次印刷
　　　　　　　　　　　　　　　　　　　　　　定　　价：38.00元

本书如有印装问题可找本社市场部更换